无人机应用技术专业新形态系列教材

无人机

操控模拟实训

主　编　闫俊岭　赫宗尧　刘　霞
副主编　李　阳　孔侠歆

新形态

课件

微课

校企合作

西南交通大学出版社
·成　都·

图书在版编目（CIP）数据

无人机操控模拟实训 / 闫俊岭，赫宗尧，刘霞主编.
成都：西南交通大学出版社，2025.4. -- ISBN 978-7
-5774-0389-2
Ⅰ.V279
中国国家版本馆 CIP 数据核字第 2025SP6925 号

Wurwnji Caokong Moni Shixun
无人机操控模拟实训

	策划编辑／郭发仔　罗爱林　孟秀芝
	孟　媛　吴　迪　吴启威
主　编／闫俊岭　赫宗尧　刘　霞	责任编辑／宋浩田
	责任校对／左凌涛
	封面设计／吴　兵

西南交通大学出版社出版发行
（四川省成都市金牛区二环路北一段 111 号西南交通大学创新大厦 21 楼　610031）
营销部电话：028-87600564　　028-87600533
网址：https://www.xnjdcbs.com
印刷：四川玖艺呈现印刷有限公司

成品尺寸　185 mm×260 mm
印张　11.5　　字数　256 千
版次　2025 年 4 月第 1 版　　印次　2025 年 4 月第 1 次

书号　ISBN 978-7-5774-0389-2
定价　35.00 元

课件咨询电话：028-81435775

前 言
PREFACE

2024 年 3 月，工业和信息化部等四部门联合印发《通用航空装备创新应用实施方案（2024—2030 年）》，文件提出低空经济是新质生产力的典型代表，是中国经济新增长点。以无人机为支撑的低空生产服务方式是低空经济的重要组成部分，无人机产业、无人机教育将融入更多的领域与行业中。

《无人机操控模拟实训》是利用虚拟仿真技术，为学习者提供安全、高效的无人机操作训练环境。旨在培养学员对无人机系统的基本认知与操作技能，提高学员在实际应用中操作无人机的水平和安全意识。本书采用模块化的组织形式，以 RealFlight 模拟器和 Phoenix RC 模拟器为载体，训练各种机型无人机的模拟仿真操作能力，为后续的无人机外场飞行操控打好基础。

全书共分为 6 个模块，模块 1 主要介绍飞行模拟器的使用，包括 RealFlight 模拟器和 Phoenix RC 模拟器的安装以及常用菜单及功能，遥控器的配置训练机型与场地介绍。模块 2 主要介绍多旋翼无人机的训练任务，包括四面悬停、自旋 360°、"8" 字飞行技能，航拍的基础运镜与进阶技能，FPV 穿越机的基础技能等；模块 3 主要介绍固定翼无人机的训练任务，包括五边航线、吊机以及水平八字等技能；模块 4 主要介绍直升机的训练任务，基础训练技能包括起降、悬停与熄火降落，进阶训练技能包括横滚圆周、翻滚圆周、倒飞、钟摆、自旋翻等。模块 5 主要介绍 DJI 大疆飞行模拟，主要包括航拍、电力巡检、安防搜救等技能；模块 6 主要介绍 RealFlight 模拟器的进阶运用，包括飞机编辑、场景编辑、任务挑战、多人比赛与协调仿真。

通过本书的学习，学员可以在虚拟环境中模拟真实飞行场景，学习无人机的基本操作技能，提高飞行安全意识，减少事故发生。

本书模块 1 由赫宗尧、孔侠歆共同编写；模块 2、模块 3 与模块 6 由闫俊岭编写；模块 4 由李阳编写；模块 5 由赫宗尧编写。全书由闫俊岭统稿及修改校正。

由于本书编写时间仓促、作者水平有限，书中还有很多疏漏与不足，请各位同行、专家和读者批评指正。

编 者
2024 年 6 月

目 录
CONTENTS

模块 1 飞行模拟器的使用

初学模拟飞行，首先，了解六种常用飞行模拟软件及适用范围，了解遥控器关联必备知识。而后，重点学习 RealFlight 与凤凰 Phoenix RC 模拟器的安装与使用，熟悉专业版 RealFlight 软件的模型、场地、训练模式及环境参数设置菜单的功能设置，为之后的模拟飞行训练做好准备。

知识目标

1. 了解常见模拟器的种类及其各自特点。
2. 理解遥控器各通道作用。
3. 了解遥控器的相关专业术语。
4. 掌握 RealFlight、Phoenix RC 模拟器的安装和使用。
5. 理解 RealFlight、Phoenix RC 模拟器常用的菜单及功能。

技能目标

1. 养成良好的遥控器握持方式习惯，正确操控遥控器。
2. 能根据无人机飞行模拟软件的特点，正确安装与使用模拟飞行软件。
3. 能正确配置遥控器、模型选择、场地选择、训练模式选择及环境参数设置。
4. 能按生产现场管理 6S 标准，清除现场垃圾并整理现场。

任务 1 常用模拟器介绍

无人机飞行模拟器能够模拟真实的飞行环境，帮助飞行员和技术研发人员在安全的虚拟环境中练习和提升飞行技巧，同时进行各类飞行测试。无人机飞行模拟器在军事、教学、商业和娱乐等多个领域均有广泛应用。

知识点 1 DJI Flight 模拟器

DJI Flight 模拟器是一款由大疆创新公司开发的专业飞行模拟软件，专门为其旗下的无人机设计，旨在提供高质量的飞行训练和飞行体验。作为无人机行业领先的厂商之一，大疆创新借助其丰富的飞行技术和经验，为用户提供了一款功能强大、操作简便的飞行模拟工具，其操作界面如图 1.1.1 所示。

图 1.1.1　DJI Flight 模拟器

1. 主要特点

（1）真实的飞行模拟。

DJI Flight 模拟器采用了先进的飞行物理引擎，能够高度逼真地模拟各种无人机的飞行动态，包括飞行器的操控、飞行速度、飞行姿态以及环境影响等，为用户提供真实的飞行体验。

（2）多样的飞行器和场景。

软件提供了丰富多样的无人机模型选择，涵盖了大疆旗下各类无人机产品，用户可以根据自己的喜好和需求选择不同的飞行器进行训练。同时，软件还提供了多种不同的飞行场景，如农田、城市、海岛、山地等，让用户能够在不同环境下进行飞行模拟。

（3）智能飞行模式。

DJI Flight 模拟器内置了多种智能飞行模式，如 GPS 定点悬停、自动返航、智能避障等，帮助用户熟悉和掌握无人机的各种飞行功能和技巧。

（4）用户友好的界面和操作。

软件界面简洁直观，操作便捷，支持多种操作方式，包括键盘、遥控器等，即使是无人机新手也能轻松上手，快速开始飞行训练。

（5）数据分析和反馈。

DJI Flight 模拟器支持飞行数据的记录和分析，用户可以查看自己的飞行数据和表现，了解自己的飞行水平，并根据反馈进行改进和提升。

（6）任务导向训练。

提供多样化的训练任务，有助于提升拍摄、测绘、巡检等任务的执行能力。

2. 使用体验

大疆 DJI Flight 模拟器专注于大疆无人机的飞行体验，非常适合大疆用户。它的界面友好，操作流畅，能够模拟真实的飞行体验，并且有大疆真实硬件设置的支持。缺点则是主要针对大疆无人机。

知识点 2　RealFlight 模拟器

RF7.5 模拟器，全称为 RealFlight 7.5 模拟器，是一款由 Knife Edge Software 软件公司开发的界面非常受欢迎的专业级飞行模拟软件，主要用于遥控飞机爱好者的飞行训练。其操作界面如图 1.1.2 所示。

图 1.1.2　RealFlight G7.5 模拟器

1. 主要特点

（1）逼真的物理引擎。

RF7.5 模拟器拥有高度逼真的物理引擎，能够精确模拟各种飞行动态，包括风速、风向以及地形对飞机性能的影响。

（2）丰富的飞行器选择。

软件提供了多种类型的飞行器，包括固定翼飞机、直升机、滑翔机，甚至是多旋翼无人机，以满足不同飞行爱好者的需求。

（3）多样的飞行场景。

RF7.5 提供了多种飞行环境，从开阔的田野到城市天际线，再到具有挑战性的山区地形，飞行场景多样，使用者可以在各种地形中练习飞行。

（4）训练模式。

软件中包括各种训练课程，适合从初学者到高级飞行员的训练需要。这些训练课程涵盖了起飞、飞行、降落等基础操作，也包括更高级的飞行技巧训练。

（5）社区和支持。

RF7.5 拥有活跃的在线社区，飞行爱好者可以在此交流心得、分享经验或参与在线比赛。

2. 使用体验

RealFlight 是最为全面和多功能的模拟器之一，支持各种类型的飞行器，包括固定翼、直升机、无人机等。它拥有高质量的图形和丰富的飞行环境，并且有很强的用户自定义选项。缺点是需要一定时间才能熟练掌握，对于初学者来说可能会觉得有些复杂。

知识点 3　Phoenix RC 模拟器

Phoenix RC Simulator 是德国人开发的一个"老牌"飞行模拟器，支持多种飞行器模块，包括无人机、固定翼飞机和模型直升机。尽管主要面向遥控模型飞行，但其高质量的飞行模型和环境模拟也适用于无人机训练。其操作界面如图 1.1.3 所示。

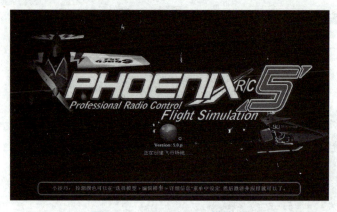

图 1.1.3　Phoenix RC 模拟器

1. 主要特点

（1）逼真的飞行模拟。

Phoenix RC 模拟器拥有先进的飞行物理引擎，能够高度逼真地模拟各种飞行动态，包括飞行器的姿态、飞行速度以及环境影响等，使用户能够获得真实的飞行体验。

（2）多样的飞行器和场景。

软件提供了丰富多样的飞行器选择，包括固定翼飞机、直升机、多旋翼无人机等，同时还提供了多种不同的飞行场景，如乡村、城市、山区等，让用户能够在不同环境下进行飞行练习。

（3）训练模式和课程。

Phoenix RC 模拟器内置了各种训练课程和模式，从基础操作到高级技巧应有尽有，适合不同水平的飞行爱好者进行训练和提升。

（4）用户友好的界面和操作。

软件界面简洁直观、操作便捷，即使是初学者也能轻松上手，快速开始飞行训练。

（5）社区和支持。

Phoenix RC 模拟器拥有活跃的在线社区，用户可以在此分享经验、交流技巧，甚至参与线上比赛，与全球的飞行爱好者互动交流。

2. 使用体验

Phoenix RC 是一款非常受欢迎的模拟器，以其逼真的飞行物理和流畅的操作感著称。缺点是可能相比其他模拟器稍显陈旧，软件更新频率较低。

知识点 4　DRL Simulator 模拟器

DRL Simulator 是一款专为无人机竞速设计的飞行模拟软件，由无人机竞速联盟（Drone Racing League, DRL）开发。这款模拟器结合了先进的飞行物理模型和真实的竞速体验，旨在为无人机飞行员提供一个仿真的训练平台，帮助他们提升操作技能和竞赛表现。其操作界面如图 1.1.4 所示。

图 1.1.4　DRL Simulator 模拟器

1. 主要特点

（1）真实的竞赛体验。

DRL Simulator 精心复制了 DRL 赛事中使用的无人机模型和赛道环境。飞行员在模拟器中的体验与实际参加 DRL 的感觉极为相似，赛道设计考虑了多样的障碍和复杂的布局，确保飞行员可以体验到紧张刺激的竞速挑战。

（2）高级飞行物理引擎。

模拟器使用高级的物理引擎来模拟无人机的飞行动力学。这意味着无人机在模拟器中的飞行行为，如加速、转弯和停止等，都能精确地反映现实世界中的物理响应。这种高度的真实感能帮助飞行员更好地理解和预测无人机在空中的行为。

（3）多样化训练模式。

DRL Simulator 提供了多种训练模式，包括教程、自由飞行和竞速挑战等。对于初学者，有详尽的教程和引导，帮助他们从基础操作到高级技巧逐步开展学习。对于经验丰富的飞行员，挑战模式和竞速赛事可以帮助他们练习和提升竞赛技能。

（4）社区和竞赛。

DRL Simulator 拥有活跃的在线社区，飞行员可以与全球的其他玩家交流技术和竞赛经验。此外，DRL 定期举办虚拟赛事，参与者可以在这些在线赛事中测试自己的技能，与世界顶级飞行员一较高下。

（5）逼真的视觉和声音效果。

模拟器在视觉和声音效果上也做到了高度真实。详细的图形、逼真的环境和动态光影效果营造出沉浸式的飞行体验。声音也设计得非常考究，无人机的螺旋桨声、风声和碰撞声等都十分真实，增强了模拟飞行的真实感。

2. 使用体验

DRL Simulator 专注于 FPV（第一人称视角）无人机竞速，它提供了各种竞速赛道和挑战，非常适合新手练习 FPV 飞行和有竞赛意向的专业飞行员。缺点是功能较为专一，不适合想要多种飞行器或飞行类型模拟体验的用户。

知识点 5　Aerofly RC 模拟器

Aerofly RC 是由德国一家专业遥控模型飞行学校 IKARUS RC 于 1998 年推出的软件，旨在为飞行爱好者提供真实、刺激和教育性的飞行体验，其操作界面如图 1.1.5 所示。

图 1.1.5　Aerofly RC 模拟器

1. 主要特点

（1）高度逼真的飞行模拟。

Aerofly RC 拥有先进的飞行物理引擎和图形技术，能够高度逼真地模拟飞行器的各种飞行动态，包括操控、姿态、速度等，让用户获得真实的飞行感受。

（2）多样的飞行器和场景。

软件提供了丰富多样的飞行器选择，包括固定翼飞机、直升机、滑翔机等，同时还有多种不同的飞行场景可供用户选择，如乡村、湖泊、城市等，让用户尽情探索不同的飞行环境。

（3）训练模式和教学资源。

Aerofly RC 内置了多种训练模式和教学资源，从基础飞行操作到高级技巧应有尽有，帮助用户系统地学习和提升飞行技能。

（4）用户友好的界面和操作。

软件界面简洁直观、操作便捷，支持多种控制设备，如遥控器、手柄等，即使是初学者也能轻松上手，享受飞行的乐趣。

（5）社区互动和支持。

Aerofly RC 拥有活跃的用户社区，用户可以在此分享经验、交流技巧，参与比赛，与其他飞行爱好者互动交流，丰富了用户的飞行体验。

2. 使用体验

AeroFly RC 提供了非常逼真的飞行体验，尤其是在风景和飞行物理方面表现突出。支持多种飞行器，包括固定翼、直升机和无人机。缺点是相较于其他模拟器，某些用户可能会觉得界面不够直观，学习和适应过程可能稍长。

知识点 6　Reflex XTR 模拟器

XTR 模拟器全称 Reflex XTR，由德国公司 XTR-Systems GmbH 开发，旨在为用户提供高度逼真的飞行体验和专业的飞行训练，并可用于飞行培训、娱乐和飞行器设计等领域如图 1.1.6 所示。以下是该模拟器的主要特点和使用体验。

图 1.1.6　XTR 模拟器

1. 主要特点

（1）先进的飞行物理引擎。

XTR 模拟器采用先进的飞行物理引擎，能够高度逼真地模拟各种飞行器的飞行动态，包括操控、速度、姿态等，为用户提供真实的飞行感受。

（2）多样的飞行器和场景。

软件提供了多款飞行器模型可供选择，涵盖了固定翼飞机、直升机、滑翔机等，同时还有多种不同的飞行场景可供选择，让用户可以在不同环境下尽情探索飞行乐趣。

（3）高级的飞行调校和设置。

XTR 模拟器支持用户对飞行器进行高级的调校和设置，包括飞行参数、飞行环境、飞行器性能等，让用户能够根据自己的需求进行个性化设置和优化。

（4）多种飞行模式和挑战。

软件内置了多种飞行模式和挑战任务，从简单的起降训练到复杂的空中特技，让用户能够挑战自己的飞行技能，并不断提升。

（5）社区交流和支持。

XTR 模拟器拥有活跃的用户社区，用户可以在此分享经验、交流技巧，参与比赛，与其他飞行爱好者互动交流，丰富了用户的飞行体验。

2. 使用体验

XTR 提供了非常逼真的飞行物理和多样化的飞行器选择。模拟器的物理引擎非常强大，对于喜欢模拟真实飞行感觉的用户很有吸引力。缺点是界面和操作可能不如一些新一代模拟器直观，需要一定的时间适应。

总体来说，选择哪个模拟器主要取决于你的需求。如果是大疆用户，可以选择大疆 DJI Flight；如果想要多种飞行器的模拟，可以考虑 RealFlight 或 Phoenix RC；如果专注于 FPV 竞速，DRL Simulator 是不错的选择；而 AeroFly RC 和 XTR 则提供了较为全面的飞行体验。

补充知识点 模拟飞行相关遥控器操控

1. 遥控器的操控手法

（1）操纵过程中，手指不得离开操纵摇杆，禁止拨、弹摇杆。图 1.1.7 为两种操纵摇杆的手法。操纵手法一：在各个方向上的操纵更加灵活，适合飞穿越机时使用；操纵手法二：更适合操纵固定翼，这种手法可以更好地感知油门和舵面的位置，操纵起来更加平稳顺滑。

图 1.1.7 操控手法

（2）初期练习（真机或模拟器）时，操纵动作应尽量柔和、缓慢，模型机身倾斜时只需反向小幅度修正，修正动作过大会造成一直修正的恶性循环。因此，柔和小舵量、快速反应、快速微调是检验新手技术的重要指标。

（3）油门的大小会影响模型动作的大小：飞手在模拟飞行训练中，常犯的错误是将油门保持最大，因此，学会自主收放油门是检验新手技术的重要指标之一。

（4）飞前检查：观察操纵面的动作正反向及动作量，确定正确无误才能开始飞行。如果是外场真机飞行，还要确认螺旋桨转向，固定翼应确保逆风起飞、降落，才能保证机翼有足够的升力和速度。

2. 副翼、升降舵、油门、方向舵控制通道的名称缩写与功能

升降舵：英文简称"ELE"，是英文单词 elevator 的缩写。通过控制升降舵，可以使飞行器绕着横轴做俯仰运动（Pitch）。

副翼：英文简称"AIL"，是英文单词 aileron 的缩写。通过控制副翼，可以使飞行器绕着纵轴做横滚运动（Roll）。

方向舵：英文简称"RUD"，是英文单词 rudder 的缩写。通过控制方向舵，可以使飞行器绕着立轴做偏航运动（Yaw）。

油门：英文简称"THR"，是英文单词 throttle 的缩写。油门控制通道被用来控制无人机或飞机的动力输出，对多旋翼而言，能够控制其沿立轴上升或下降。

这些控制通道在飞行器的操控中共同协作，使得飞行器能够按照飞行员的意图进行各种复杂的飞行动作。以美国手（左手油门）为例，遥控器通道的对应如下：1 通道（副翼）右杆左右；2 通道（升降）右杆上下；3 通道（油门）左杆上下，不会回中，航模飞机油门摇杆要保持最低开机；4 通道（方向）左手杆左右。

3. 遥控器通道使用与配置

遥控器（发射机）通道是指用于传输遥控指令的信号通路或控制通路，它代表着遥控设备同时可以控制的动作数量。通道，英文为 Channel，缩写为 CH。主要分为飞行主控制通道和辅助控制通道。通常，有几路通道控制就被俗称为几通，例如常见的天地飞 6 遥控器就是六通道。

主控制通道也称基础通道，主要是实现飞行器基本飞行姿态的控制。例如，一架多旋翼飞行器要实现上升下降、前进后退、水平横滚和转向，就需要油门、俯仰、横滚和偏航四个通道，默认分配 1~4 通道。

辅助控制通道主要是实现对飞行器基本飞行姿态控制之外的功能控制。例如，一架多旋翼航拍飞行器，除主控通道实现基本飞行外，还需要辅助通道实现对相机拍照、云台控制（需分配旋钮）、机械手、飞行模式切换等功能的操作。一架固定翼航模，还需要对襟翼、起落架收放、拉烟器、灯光等部件的控制，每个部件都需要单独的一个通道来实现控制。辅助控制通道默认分配 5 通道之后，针对以上各通道项目控制，通常，需分别对旋钮与拨杆开关重新定义通道，功能越多所需的通道就越多。

4. 解释遥控器通道混控

混合控制简称混控，是指将输入指令分配到不同的执行器（如电机和舵机）的过程。它可以命令一个舵机同时执行两个或多个控制通道的指令，或是一个通道可以控制两个或多个舵机进行相同或不同动作的指令，有时也称为联动。

固定翼飞机最典型的是三角翼混控和 V 尾混控。三角翼一般只有两个舵机，这两个舵机要想实现升降和副翼的功能就需要混控功能。混控之后每一个舵机都会同时叠加副翼和升降的控制动作进行运动。V 尾混控是指在飞机的尾翼是 V 型的情况下，要在 V 型尾翼上同时实现升降舵和方向舵 2 个叠加动作，所以遥控器就要输出叠加指令发送给舵机，这就是混控。在 RealFlight 模拟器中，三角翼混控模型可参考飞翼 Sliger 模型，V 尾混控模型可参考 Simple Flier 飞机、滑翔机 Shuriken Slope。

对于一个直升机无副翼控制系统（FBL System）模型，遥控器设定的倾斜盘类型

常见 H-1（Normal）或 H-3，倾斜盘混控由直升机无副翼控制系统完成：

（1）当直升机无副翼控制系统接收到升降（Ele）信号时，同时给副翼（Ail）、螺距（Pit）通道也叠加信号，倾斜盘向前或向后倾斜。

（2）当直升机无副翼控制系统接收到螺距（Pit）信号时，同时给副翼（Ail）、升降（Ele）通道也叠加信号，倾斜盘向上或向下移动。

（3）当直升机无副翼控制系统接收到副翼（Ail）信号时，同时给螺距（Pit）通道也叠加信号，倾斜盘向左或向右倾斜。对直升机混控的理解，参考图 4.1.1～图 4.1.4。

综上，模拟飞行中依据训练要求与不同模型，确认开启软件内置混控还是遥控器设置混控，如图 1.2.18 所示。

任务 2　RealFlight 模拟器的安装与使用

RealFlight 系列模拟器在飞行模拟软件领域中享有很高的声誉，凭借其高度的真实感、精美的画面和丰富的功能，成为了飞行模拟爱好者们的首选之一。最新版本 RealFlight Evolution 提供超过 300 款航模，包括固定翼飞机、直升机、多旋翼无人机等，还有 75 个不同的飞行场地，新增了飞行教练课程以及多人连线模式，而且还支持穿戴 VR 设备使用。

知识点 1　安装准备

1. 发行版本和发布时间

RealFlight 系列模拟器的版本和发布时间如下：

RealFlight Classic：首次发布于 1997 年。

RealFlight 6：发布于 2011 年。

RealFlight 7：发布于 2013 年。

RealFlight 7.5：发布于 2015 年。

RealFlight 8：发布于 2017 年，仅英文界面，安装后需单独拷贝中文包。

RealFlight 9：发布于 2019 年 8 月，仅英文界面，安装后需单独拷贝中文包。

RealFlight 9.5：发布于 2020 年 9 月，仅英文界面，安装后需单独拷贝中文包。

RealFlight Trainer Edition：发布于 2020 年 8 月。可从 Steam 购买，访问 Steam 上的 RealFlight Trainer Edition 页面。

RealFlight Evolution 是该系列的最新版本，于 2022 年 10 月 28 日发布，进一步改进了飞行模拟的真实度和用户体验。

以上这些版本是 RealFlight 系列模拟器的主要版本，版本更迭都引入了新的飞行模型、功能和改进，以提升用户体验和模拟真实飞行的感觉。

2. 安装准备

1）系统要求

操作系统：Windows 7/8/10/11（64 位）。

处理器：Intel Core i3 或 AMD 同等性能处理器。

内存：4 GB RAM。

显卡：支持 DirectX 9.0c 的显卡，1 GB 显存。

硬盘空间：至少 10 GB 可用空间。

声卡：兼容 DirectX 的声卡。

2）所需设备

RealFlight 软件：从官方或授权经销商处购买并下载。一般带有一张光盘和一个加密狗，因模拟软件的加密措施，需要加密狗来解密。常见的 KHOBBY 加密狗 40 合 1 版，是指加密狗可兼容的模拟器软件版本及软件数量，支持 FPV 流行的 DRL、DCL、Liftoff（软件需要在相应平台付费购买），支持凤凰全系列，支持 RealFlight 7、

RealFlight 7.5、RealFlight 8，支持无线功能（需要将支持 PPM 信号的接收机连接到加密狗）。全能版加密狗可以支持全新的 RealFlight 9.5。

遥控器：选用 RealFlight 包含的 USB 加密遥控器或选用兼容的其他品牌 RC 遥控器，如 MC6、乐迪 AT9S 与 AT10、天地飞 9、Futaba、Jumper 等。

知识点 2　RealFlight 模拟器的安装与使用

安装 RealFlight 模拟器之前，先确认一下操作系统的版本，有的新机器需要提前安装 Directx 9.0c 插件（一款帮助计算机支持 3D 游戏的多媒体辅助插件）。

扫码观看 RealFlight 模拟器的安装与使用

1. RealFlight 模拟器的安装

（1）从官网上将 RealFlight 7.5 模拟器安装包下载到桌面，打开文件夹，找到并双击"setup"应用程序，点击鼠标右键后，以管理员身份运行，如图 1.2.1 所示。

F:) ＞ RF7.5安装包			
名称 ^	修改日期	类型	大小
setup.exe	2022/1/25 21:53	应用程序	427 KB
setup-1a.bin	2022/1/25 22:12	Binary file	552,308 KB
setup-1b.bin	2022/1/25 22:12	Binary file	552,735 KB
setup-1c.bin	2022/1/25 22:12	Binary file	552,735 KB
setup-2a.bin	2022/1/25 22:12	Binary file	552,735 KB
setup-2b.bin	2022/1/25 21:54	Binary file	349,782 KB

图 1.2.1　RF7.5 安装包

（2）软件安装路径中不能有中文名称的文件夹，点击"下一步"可以修改安装路径。默认安装在 C 盘，安装路径中的 C 盘可以修改为 D 盘，如图 1.2.2 所示。

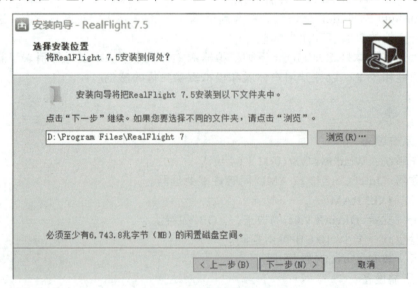

图 1.2.2　RF7.5 安装路径

（3）安装准备完毕，然后点击"安装"。安装过程中自动会安装 Directx 9.0c 插件，如图 1.2.3 所示。注意：用 RealFlight 7 安装包，会首先进入语言选择界面时，有三种语言可供选择。根据需要，选择"中文简体"。

图 1.2.3　RF7.5 安装准备完毕

（4）安装完成后，如图 1.2.4 所示。把运行 RealFlight 7.5 勾选项取消，点击"结束"，然后看到桌面出现 4 个图标。也可以默认勾选，点击"结束"，直接进入第 6 步。

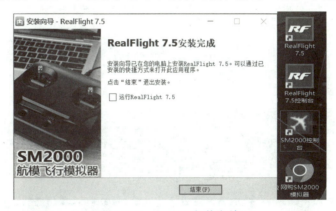

图 1.2.4　RF7.5 安装完毕

（5）点击 SM2000 控制台，勾选上"切换模拟器类型后，自动运行所对应的模拟器软件"，此时右下角显示蓝色的小飞机图标，如果电脑没插入加密狗，显示为红色小飞机图标。点击小飞机图标，默认选项 RealFlight G4.5，对应加密狗 RealFlight G7 档位，显示如图 1.2.5 所示。

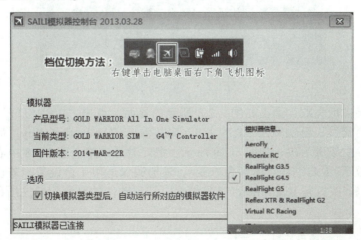

图 1.2.5　模拟器安装助手

注意：SM2000 控制台（SAILI 模拟器控制台）与 KHOBBY 模拟器助手（飞鹰控制台）不通用，不能识别各自的加密狗。KHOBBY 模拟器助手可以识别 3 种品牌加密狗——KHOBBY KSIM、FeiYingSim、Gold Warrior。

（6）找到并打开桌面应用程序"RealFlight 7.5 控制台"，提示需要连接控制器，如图 1.2.6 所示。自备遥控器连接加密狗，开关拨到"G4.5-7"档位，插入电脑，点击"确定"。显示界面图 1.2.7 所示，输入产品序列号进行激活（序列号在安装盘封面），序列号中间分别为"R7"和"I3"，点击"ok"后，显示 RealFlight 激活成功。注意 RealFlight 7 安装输入产品序列号后，还会提示输入共享扩展包序列号（安装盘自带），激活过程需要联网。

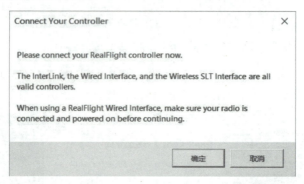

图 1.2.6　连接控制器

图 1.2.7　输入序列号

（7）如果激活失败，弹出如图 1.2.8 所示的界面。点击"WEBSITE"下的网址，打开在线激活网页，再次输入"R7""I3"码，输入"Activation Key"码，再进行人机身份验证，生成激活码，如图 1.2.9 所示。把此激活码输入图 1.2.8 中右下角的白框内，点击"激活"（此过程字体颜色未变）。注册码仅适用 1 台设备，若已被使用需要更改新注册码，要打开 RealFlight 7.5 控制台，卸载软件并且删除旧注册码，重新安装软件。

图 1.2.8　联网激活

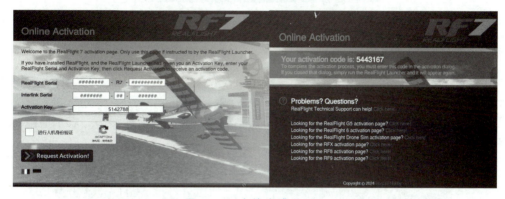

图 1.2.9　在线生成激活码

（8）激活成功，点击"确定"，而后点击"运行 RealFlight"，如图 1.2.10、1.2.11 所示。安装成功后，双击打开桌面 RealFlight 7.5 运行。每次使用时要对遥控器重新校准与配置。

图 1.2.10　激活成功

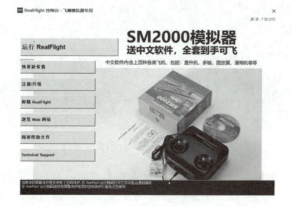

图 1.2.11　运行 RealFlight 7.5

小提示：若模拟器配用加密狗 Gold Warrior（黄金战士），飞行训练中，按空格键复位后，出现如图 1.2.12 所示的提示信息，需要再次按加密狗上的复位按钮，才能正常运行。

图 1.2.12　加密狗复位提示

2. RealFlight 模拟器的使用

（1）准备加密狗。将加密狗开关拨到"G5/G6/G7"挡位，用加密狗连接遥控器和计算机，如图 1.2.13 所示。插上 USB 接口之后加密狗白色灯常亮，表示连接正常，但无遥控信号输入。打开遥控器电源，加密狗指示灯从常亮转变成慢闪，表示遥控器连接正常。

图 1.2.13　加密狗

乐迪 AT9（或 Futaba）遥控器的通道设置。1、2、3、4 通道为默认（注意，微调全部设置中位），5 通分配 SWC，6 通分配 VrC，7 通分配 SWB，8 通分配 SWE，如

图 1.2.14 所示。功能分别是，模拟器 5 通对应 Radio Dual Rates and Expo 控制；模拟器 6 通对应 Flaps 控制，常用于调节云台相机的俯仰；模拟器 7 通对应控制 Smoke 控制，用于直升机的开启与关闭（即点火开关）；模拟器 8 通对应 Mode 控制，常用于固定翼 3 种飞行模式的转换。

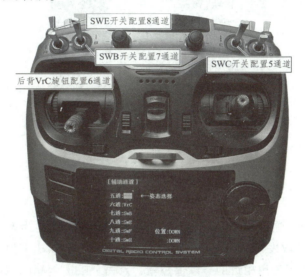

图 1.2.14　乐迪遥控器通道设置

（2）双击桌面 RealFlight 7.5 软件图标后开始运行，开机欢迎画面如图 1.2.15 所示，在该界面可依次选择预定义的飞机和场景组合、飞机模型、场景，还可以直接跳转到 RealFlight 挑战和观看初学者的培训视频。以上选项均不选择时，点击"FLY"进入主界面。

图 1.2.15　RealFlight7.5 开机画面

（3）校准遥控器。在主界面中点击"模拟"菜单栏中的"选择控制器"选项，如图 1.2.16 所示。

图 1.2.16　选择控制器

（4）选择第一组遥控器，"Active"字符显示橙色（第二组为无线接口的遥控器选项，无线 USB 接口收发模块相当于"加密狗＋接收机"），点击下拉箭头，选择系统定制好的，或者与飞手使用相近的一款遥控器，点击"Edit"按钮，如图 1.2.17 所示。

图 1.2.17　选择遥控器

（5）遥控器编辑界面如图 1.2.18 所示。图中的四个选项依次是：遥控器 Input Channel（输入通道）、Reverse（反向）、Value 数值、模拟器软件接收机映射通道（对应分配给的 RealFlight 通道，字母 Ch 是指通道）。

图 1.2.18（a）为 RealFlight 7.5，图 1.2.18（b）为 RealFlight8.0。通道编号为 Channel 1 副翼、Channel 2 升降、Channel 3 油门、Channel 4 方向，与实际遥控器通道相匹配，并且打杆方向与实际一致（若不一致时需要打"╳"，表示勾选反向）。

注意，经测试，选用 Gold Warrior 加密狗时个别存在缺陷，模拟器 8 通道仅能使用-100%和 0%两档范围，可满足飞多旋翼自稳与姿态切换（无 GPS 模式），无法满足飞直升机普通模式与 3D 模式的切换。重新将模拟器 8 通道分配给遥控器 5 通道，如图 1.2.18（a）所示，可实现-100%和＋100%两档范围，满足飞直升机需求。图 1.2.18（b）加密狗选用 KHOBBY，8 通道三档正常，对应-100%、0%和＋100%范围，无须重新分配。图中 3 通道 Throttle 油门勾选，是指通道反向。

（a） （b）

图 1.2.18 编辑遥控器通道

图 1.2.18 的界面中，Enable Software Radio Mixes 功能选项，打"✕"是指功能选定，选择使用 RealFlight 软件接收机的混控设置，禁止使用遥控器混控；Enable Software Radio Dual Rates and Expo 功能选项，打"✕"是指功能选定，选择使用 RealFlight 软件接收机的双重舵量比率和指数曲线，此时显示通道分配为 5 通道"Dual Rates"。建议不选定双重比率指数，即使用遥控器默认的 D/R 与 Exp，乐迪 AT9 的双重比率指数如图 1.2.19 所示。

遥控器通道设置后，点击"Save As…"，一般重新命名，如图 1.2.17 所示，另存为 InterLink-001，方便后续使用。

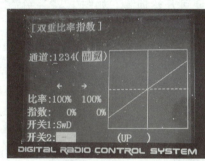

图 1.2.19 准备遥控器校准

（6）选择页面第一组配置后的遥控器 InterLink-001，如图 1.2.17 所示，点击"Calibrate"按钮，对遥控器进行校准。

（7）将所有摇杆置于中立位置，然后点击"Next"按钮，让模拟器识别摇杆的位置，如图 1.2.20 所示。

图 1.2.20 准备遥控器校准

（8）分别向上、下、左、右拨动摇杆与开关，摇杆需要拨满（必须将所有的杆，旋钮和开关移动几次完整的运动范围，包含遥控器的 CH5、CH6、CH7、CH8 通道），以有利于计算机识别匹配各通道舵量的最大至最小间行程数。当 1、2、4 通道显示 50%，其余通道显示 100%或 50%或 0%，然后点击右下角的"√"选项，完成摇杆校准，如图 1.2.21 所示。

第 5 通道（双位开关）对应键盘 Y、第 6 通道（旋钮）对应键盘 U、第 7 通道（双位开关）对应键盘 I、第 8 通道（三位开关）对应键盘 O，即电脑键盘的相应按键可以替代遥控器的该通道开关，实现相应功能。

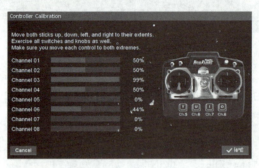

图 1.2.21　遥控器进行校准

（9）鼠标靠近屏幕左侧，出现快捷小工具选项，可快捷使用的选项：系统预定制的机型与场地、机型、场地、NavGuides 小工具（飞行参数显示配置）、遥控器显示、望远镜和双目视窗。点击第一个图标，选择 RealFlight 模拟器系统给定的训练机型与场地后，再点击"FLY"，便可开始训练。如图 1.2.22、1.2.23、1.2.24 所示。

通过按键盘上的空格键或选择飞机菜单中的"重新起飞"项来重置飞机。

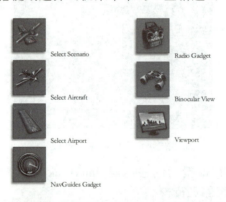

图 1.2.22　NavGuides 小工具

图 1.2.23　固定翼机型推荐

图 1.2.24　固定翼机型推荐

3. 小提示

（1）默认的遥控器模式 2，与"美国手"遥控器匹配。如图 1.2.25 所示。

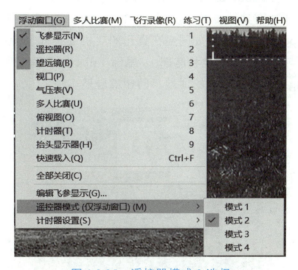

图 1.2.25　遥控器模式 2 选择

（2）键盘快捷键输入方法，使用 H 键激活"键盘命令"对话框，能查阅 RealFlight 7.5 各种快捷键功能使用的帮助信息，如图 1.2.26 所示。

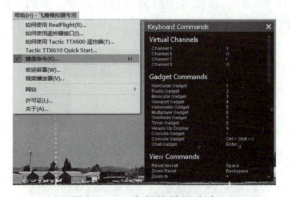

图 1.2.26　全部快捷键命令

（3）Z 键可以切换窗口视图的缩放类型，鼠标滚轮辅助放大缩小（快捷键为 + 、- 、

Backspace），具体功能包括自动缩放、保持地面在视野中、手动缩放，以方便观察。如图 1.2.27 所示。

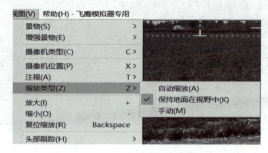

图 1.2.27　Z 键快捷键命令

（4）C 键可以切换驾驶员的视角，提供 3 种"摄像机类型"，包括在地面固定位置（第三视角），在机鼻（第一视角），在飞机后面跟随（第三视角）。如图 1.2.28 所示。注意，逼真模式场景（PhotoFields）下无法使用该选项功能。根据飞机的不同，飞机上面和飞机周围可能还有其他摄像头。例如，P-51 Mustang 配备了 4 个机载摄像头，分别位于驾驶舱 Cockpit（向前看如同坐在真正的飞机上一样）、朝向后 Rear（位于飞机机头上方 2 m，向后朝向驾驶舱和尾部）、尾部 Tail（位于垂尾顶部，向前看向飞机机头）和翼端 Wing（位于左舷翼的顶端，回望驾驶舱）。

图 1.2.28　C 键快捷键命令

（5）X 键提供多种额外的观察视角，中文译作"摄像机位置"，此菜单选项用于飞手从地面观察并操控飞机时，设置飞手所处的视角位置，如图 1.2.29 所示。不同场景有不同选项，RealFlight 7.5 会根据自动加载的机场选择默认的 Pilot Spawn。

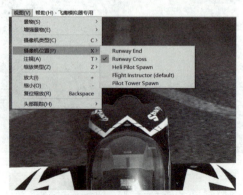

图 1.2.29　X 键快捷键命令

（6）飞行操作课程。点击"训练"菜单，然后点击"实际飞行指导"菜单项。包括各种预先录制的直升机和固定翼驾驶员操作课程，由专业飞行员讲解各种飞行动作技能，如图 1.2.30 所示。

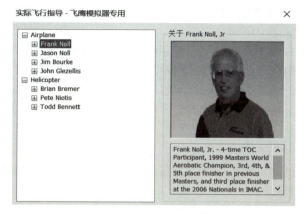

图 1.2.30　实际飞行指导

（7）"景物"与"增强景物"确定是否在机场中显示或隐藏指定景物，如图 1.2.31、1.2.32 所示。

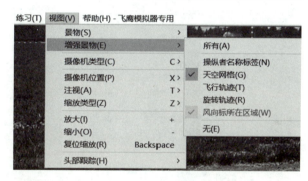

图 1.2.31　景物

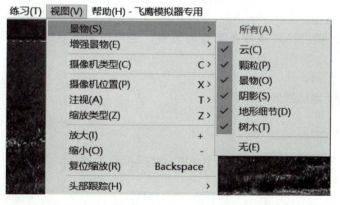

图 1.2.32　增强景物

任务 3　RealFlight 模拟器常用菜单及功能

RealFlight 7.5 包含 100 多种飞行模型和多种飞行场地，为用户提供了非常强大，灵活的飞机和场景编辑器，并包含了一系列辅助模拟飞行的训练科目，如固定翼起飞降落、固定翼吊机、直升机悬停、直升机熄火降落、直升机定点悬停，为飞行爱好者提供了一个无风险、低成本且高效的训练平台。

知识点 1　模拟菜单

模拟飞行相关的功能和选项中，常用的是"选择控制器""物理"和"输入"。模拟菜单如图 1.3.1 所示。

图 1.3.1　模拟菜单

1. 选择地图和管理地图

（1）选择地图。

RealFlight 提供了许多预先配置的方案，也可以操作鼠标靠近屏幕左边来打开此页。

（2）管理地图。

创建和编辑自己喜好的方案。

2. 选择控制器

参考本模块任务 2 知识点 2 中 RealFlight 模拟器的使用。

3. 物　理

"物理"选项调整模型的物理特征，能使模拟器中的飞行接近真实。如图 1.3.2 所示。各选项中，Beginner 适合初学者、Intermediate 适合进阶飞行，Realistic 适合高级飞行。Realistic 英文语义为"真实"，此设置可逼真地反映其现实遥控器对应飞机的飞行性能。

Custom 选项为自定制飞行参数，可以更改物理速度、飞行模型、自动驾驶辅助或燃油消耗的默认设置。根据个人需求，调整物理参数以适合使用者的技能水平。

（1）其中飞行的物理速度（默认 100%），以百分比表示，此值控制模拟的快慢度，减小该值可以创建慢动作效果，可减缓飞机的反应时间，在新手训练时有用。

（2）飞行模型（默认逼真），设置的范围可以从"简单"到"逼真"，RealFlight 7.5 会以各种方式模拟真实的空气动力学，包括在空气动力学失速期间突然失去升力。

（3）自动驾驶辅助（默认无）的设置，可提高飞机的整体稳定性，例如固定翼 NexSTAR 会自主飞行稳定，当飞手释放控制杆时，自动驾驶辅助系统将自动调平机翼。

（4）无限燃油消耗选项，决定模拟场景中的飞机是否会耗尽燃油。如果选中，引擎将无限期运行。

在"物理"选项的"custom"自定义设置中，重点是飞行物理速度的调整，默认为 100%。逼真 Realistic 设定后，第一项物理参数速度 100%，第二项飞行模型难度最大，第三项自动驾驶辅助关闭。进阶飞行 Intermediate 设定后，第一项物理参数速度 100%，第二项飞行模型难度中间 50%，第三项自动驾驶辅助关闭。初级飞行 Intermediate 设定后，第一项物理参数速度 80%，第二项飞行模型难度最低 0%，第三项自动驾驶辅助打开 25%。

图 1.3.2　物理

4. 图　形

针对低性能的计算机，牺牲图形质量，可提高 RealFlight 的性能。对高性能计算机，一般参数默认选择最佳图形质量，可更好地欣赏可视化效果。

图 1.3.3　图形

5. 飞行故障

RealFlight 7.5 能够模拟飞机的常见故障，飞行故障的模拟有助于在飞行过程中突发实际故障时，保持冷静并做出适当的反应。此选项可设置飞行故障的频率（见图1.3.4）、飞行故障启用类型（见图1.3.5）、是否需要提示飞行故障发生（分为飞行之前、飞行之后、从不、故障发生时）。飞行故障发生频率默认为从不发生，制造飞行故障是飞行过程中人为设置故障。

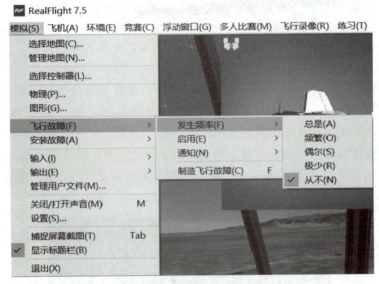

图 1.3.4　飞行故障发生频率

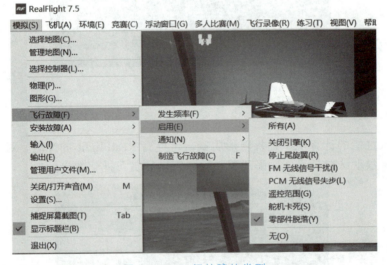

图 1.3.5　飞行故障的类型

6. 安装故障

常见的一种飞行故障是设备安装故障，该故障是由于工作疏忽造成的。常见安装故障如图 1.3.6 所示。飞行故障发生频率默认从不发生，制造安全故障是飞行过程中人为设置故障。

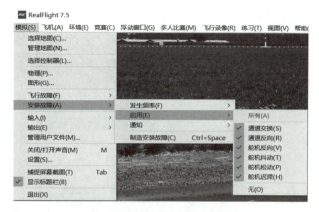

图 1.3.6　安装故障的类型

7. 输　入

"输入"菜单项允许操作者导入其他用户创建的内容，有三种类型的文件与 RealFlight 7.5 相关联。

（1）KEX 文件。KEX 导入器用于将模型从插件导入模拟器。

（2）马达声音文件。允许创作者导入创作的独特电机声音，是模拟器中没有的声音。

（3）RAW 全景图像。允许下载或创建属于自己的全景图，创建新的 PhotoField 机场，图像可以是位图（.bmp），targa（.tga）或 JPEG（.jpg）文件格式中的任何一种。

（4）RealFlight 存档（后缀名 RFX、G3X），允许导入官方公布的或者爱好者创建的新的高仿真类型数据，包括飞机、配色方案、机场 PhotoFields 和录音。

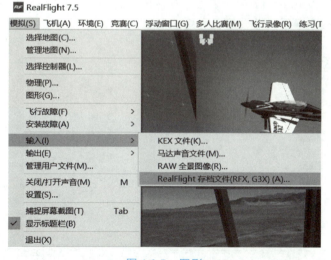

图 1.3.7　图形

8. 输　出

"输出"菜单项允许操作者共享用户创建的内容。RealFlight 7.5 用户可以共享以下项目：配色方案、飞机改良、整架飞机、机场和全景图像。如果列表中的一个或多个选项显示为灰色，则是因为当前加载的颜色方案、飞机或机场是默认情况下模拟器的一部分，不可用于导出。

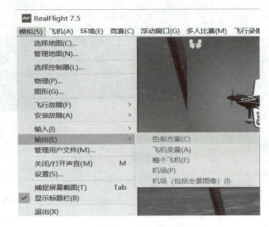

图 1.3.8　图形

9. 管理用户文件

"管理用户文件"允许用户复制、重命名、删除或导出模拟中存在的任何自定义资源。譬如，用户可以对新配置遥控器文件进行删改。

10. 关闭/打开声音

打开或关闭模拟飞行过程中的仿真声音。

11. RealFligh 参数设置

对 RealFlight 模拟器的声音、控制台、图形、界面语言等众多特征和功能参数进行设置。譬如，RealFlight 8.0 安装后，默认语言选项为 English（无中文），需要拷入 RealFlight 7.5 的中文包，此处才会有中文选项。

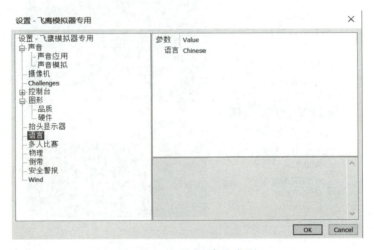

图 1.3.9　飞行故障的类型

知识点 2　机型与机场环境菜单

1. 选择飞机

更换模型类型。点击菜单栏中的"飞机"选项卡，选择"选择飞机"选项，可以更换不同的飞机模型，如图 1.3.10 和图 1.3.11 所示。

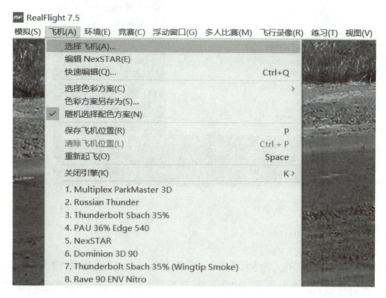

图 1.3.10　选择飞机

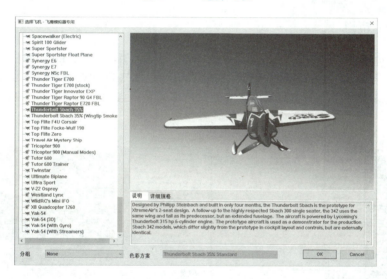

图 1.3.11　选择飞机

2. 快速编辑飞机

更改飞机模型参数。练习模拟器时降低舵面的行程可以使模型的动作更加轻柔，降低模型引擎（发动机）功率的比率可以降低模型的物理速度。点击菜单栏中的"飞机"选项卡，选择"快速编辑"选项，在弹出的对话框中便可更改各个舵机的行程和引擎功率比率，如图 1.3.12 所示。图中，Rudder 为方向舵，Elevator 为升降舵，Aileron 为副翼，Engine 为引擎，SpeedBrakes Training Flaps 为有关减速板襟翼的参数设置。

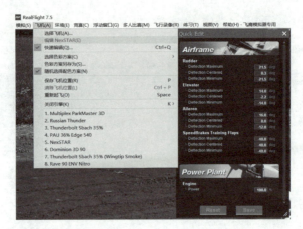

图 1.3.12　快速编辑飞机

3. 飞机菜单其他选项

如图 1.3.10 菜单项中的"重新起飞",点击后复位,快捷键为键盘的 Space 空格键。菜单项的"关闭引擎",点击后可立即停止电机运行(快捷键为键盘的 K 键),主要在直升机训练自旋降落时使用,也可以模拟固定翼空中引擎失效,训练指定区域降落等。

4. 选择机场

RealFlight 7.5 提供两种不同类型的飞行场地:3D 和 PhotoField。顾名思义,PhotoField 是在照片图像基础上创建的飞行场地,3D 飞行站点则是在三维环境中渲染诞生的场地。如果 PC 在 3D 飞行场地上运行缓慢,请尝试选择 PhotoField 场地。如图 1.3.13 所示。

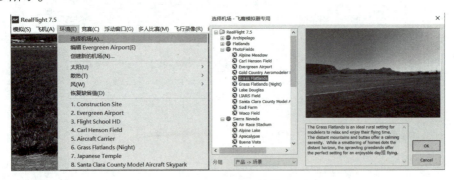

图 1.3.13　选择机场

5. 飞行环境参数

更改飞行环境参数可以更好地模拟现实环境。RealFlight G7 模拟器可以更改太阳方位、热空气、风速风向,如图 1.3.14、1.3.15、1.3.16 所示。

(1)改变太阳方位角,以飞机为参照物,调整(向右或向左旋转)太阳方位,观察到飞机地面投影位置变化,便于飞行路径上视线观察。改变太阳倾角,模拟太阳在天空中的轨迹位置,带来白天与黑夜场景的位置和光线变化。请注意,太阳设置不适用于 PhotoField 飞行场地,当太阳倾角更改为 90°,方位角的变化就失效。

(2)RealFlight 7.5 提供两种类型的散热。动态热量是最现实的,出现在环境中的任何地方，设置后模拟过程中将自动生成热量，飞行状态受热空气影响飘动。"简单"与"动态"不同，简单类型的热量是静态的或静止的，不会在环境中移动。一般建议设置为"动态"。

（3）RealFlight 支持用户调整风的速度、方向和湍流。风的方向以度数表示（默认 90 deg，风标为 3 点钟方向），风的速度用"km/h"（即 kph）表示（默认 0），湍流用百分比表示（默认 100%），建模者和飞行员一般都认为风不是恒定的，此设置准确反映了湍流的逼真效果。选择恢复缺省值，会将所有天气和环境参数调整回其当前所选飞行场地的默认设置。常用风力等级与风速（kph）对应关系有，0 级风即无风，烟柱直上（0 kph）；1 级风即软风，烟示方向（1.08 ~ 5.4 kph）；2 级风即轻风，感觉有风（3.4 ~ 7.9 kph）；3 级风即微风，旌旗展开（7.9 ~ 13.8 kph）；4 级风即和风，吹起尘土（13.9 ~ 19.4 kph）；软件极限设置 80 kph，对应是 10 级风（72.5 ~ 88.2 kph）。

（4）选项最下面显示的是用户最近选择的 8 个场地。

图 1.3.14　太阳

图 1.3.15　散热

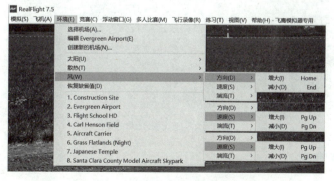

图 1.3.16　风

知识点 3 小工具菜单（也称浮动窗口）

小工具是一种屏幕显示，可为用户提供模拟飞行相关的一些基本信息，如图 1.3.17 所示。

图 1.3.17 小工具菜单

1. 飞行参数显示与编辑

NavGuide 是一种能在屏幕上显示飞机参数的小工具。默认画面参数如下：

（1）图形帧/秒（Graphics Frames/Sec），每秒帧数，譬如，电视画面每秒 50 帧。

（2）海拔高度（ASL），显示海平面以上相应飞机的高度，单位 m。

（3）空速，单位 km/h（kph）。

（4）燃料剩余，单位 cm^3。

（5）转速 RPM，指示发动机的当前每分钟转数或 RPM。

（6）风速（Wind），显示飞行现场的当前风速，单位 km/h。此外，也可以通过"飞参显示编辑"编辑自定义参数显示方案，如图 1.3.18 所示。可用的 NavGuides 列表如表 1.3.1 所示。

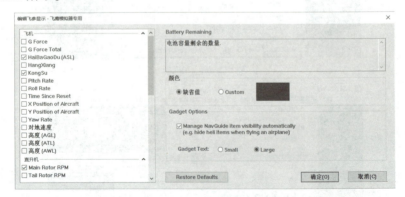

图 1.3.18 飞参显示编辑

2. 遥控器显示

实时观察控制器运动和飞机性能之间的联系，如图 1.3.17 所示。

3. 望远镜

方便近距离显示一架完美放大的飞机，观察运动姿态。如图 1.3.17 所示。

4. 视窗

该窗口独立于主模拟器屏幕之上，类似于电视上的画中画功能。用户可以使用鼠标拖动来调整大小或重新定位视窗，如图 1.3.17 所示。

5. 气压表

气压表是一种用于指示飞机爬升或下降速度的仪器，显示爬升速率或下降速率，方便飞行员确定水平飞行状态，在转弯操作中有用。RATE 表示高度变化率，ASL 显示气压对应海拔高度，AGL 表示相对地面的高度（多旋翼悬停训练常用），如图 1.3.17 所示。

6. 多人比赛

模拟飞行过程中多人游戏会话的信息（略）。

7. 俯视图

帮助飞行员跟踪飞机相对于机场的位置，如图 1.3.17 所示。注意，PhotoField 机场无法使用该项功能。

8. 计时器

简单的秒表，提供定时功能，对多旋翼考核计时对计算飞行时间的滑翔机飞行员特别有用。点击小工具上的"开始/停止"按钮将启动和停止计时器，重置则会将定时器设置回零，如图 1.3.19 所示。

快速载入（Quick Load）小工具，允许操控者快速搜索和选择新飞机或飞行场地，通过"全部关闭"选项可以关闭所有打开的小工具。

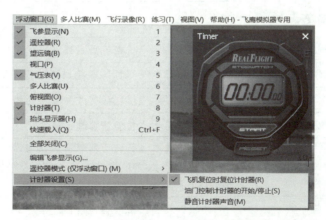

图 1.3.19　计时器

9. 抬头显示器

抬头显示器（HUD）打开后，在屏幕上实时显示有用的数据，如图 1.3.20 所示。

图 1.3.20　抬头显示器

　　图 1.3.17 的菜单项"编辑飞参显示"对话框，打开齿轮图标后，自行选定所需显示项目。参数列表及内容说明如表 1.3.1 所示。

表 1.3.1　飞参选定项目

选项	描述
飞机：空速	此项以显示飞机的当前空速
飞机：相对高度（AGL）	此项以显示飞机当前相对于地面的高度
飞机：海拔高度（ASL）	此项以显示参考海平面的当前高度
飞机：地形高度（ATL）	此项以显示飞机与下方地形的当前高度，此选项不适用水体类机场
飞机：机场高度（AWL）	此项以显示飞机在机场水体类机场上方的当前高度。
飞机：G 重力	此项以显示飞行员所感受到的飞机的重力载荷
飞机：G 总重力	此项以显示飞机在任何方向上承受的重力载荷
飞机：地面速度	此项以显示飞机的当前地面速度
飞机：朝向	此项以显示飞机的当前航向。朝向以度数显示，它将出现在指南针上。"0"即 0°，是北；"90"即 90°，是东；"180"即 180°，是南；"270"即 270°，是西
飞机：俯仰率	此项以显示飞机的当前俯仰速率
飞机：滚动率	此项以显示飞机的当前侧倾速率
飞机：重置后的时间	此项以显示自上次按下重置按钮后经过的时间
飞机：飞机的 X 位置	此项以显示飞机的当前坐标 X 位置

选项	描述
飞机：飞机的 Y 位置	此项以显示飞机的当前坐标 Y 位置
飞机：偏航率	此项以显示飞机的当前偏航率
发动机：剩余电量	此项以显示电池组中的剩余容量
发动机：电流消耗	此项以显示电动机从电池组中消耗的电流量
发动机：剩余能量 %	此项以百分比的方式显示剩余燃料或电池电量
发动机：剩余燃料	此项以显示剩余燃料量
发动机：电机效率	此项以显示电动机的效率
发动机：动力输入	此项可显示传输到电动机的功率量
发动机：动力输出	此项以显示引擎输出的功率量
发动机：RPM	此项以显示引擎的转速（注意：此测量参数不计入可能使用的任何齿轮减速器影响）
发动机：电压	此项以确定电动机两端的电压
环境：风向	此项以显示风向
环境：风速	此项以显示当前的风速
环境：上升气流	此项以显示向上方向的气流风速
直升机：主电机转速	此项以显示直升机的当前主旋翼 RPM
直升机：尾部电机 RPM	此项以显示直升机的尾桨转速
飞行员：飞机距离	此项以显示从飞手位置到飞机的当前距离
飞行员：视野	此项以显示主窗口的视角
飞行员：相对高度（AGL）	此项以显示飞行员在水面或地面上方的高度
飞行员：海拔高度（ASL）	此项以显示飞行员在海平面以上的高度
飞行员：高度（ATL）	此项以显示飞行员在地形上方的高度，此选项不适用水体类机场。
飞行员：高度（AWL）	此项以显示飞行员在水体类机场上方的高度
飞行员：查看方向	此项以显示飞行员正在查看的指南针方向
飞行员：缩放倍率	此项以显示正在使用的缩放量。倍率 1 相当于常规视图
系统：图形帧率	此项以显示屏幕每秒更新的次数
系统：物理帧率	此项以显示物理系统每秒更新的次数

知识点 4　练习菜单

　　练习菜单又称训练菜单，RealFlight 7.5 提供了许多培训辅助工具。包括固定翼起飞与降落训练、直升机悬停、直升机自旋降落、直升机定位训练、固定翼吊机训练共六项内容，如图 1.3.21 所示。

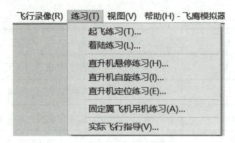

图 1.3.21　训练菜单

（1）起飞练习，参考项目 3 任务 2，如图 3.2.2 所示。

（2）降落练习，参考项目 3 任务 2，如图 3.2.3 所示。

（3）直升机悬停练习，参考项目 4 任务 2，如图 4.2.1、4.2.2 所示。

（4）直升机自旋降落练习，参考项目 4 任务 2，如图 4.2.4 所示。

（5）直升机定位练习，参考项目 4 任务 2，如图 4.2.3 所示。

（6）固定翼飞机吊机练习，参考项目 3 任务 4，如图 3.4.2 所示。

任务 4　Phoenix RC 模拟器的安装与使用

Phoenix RC 系列模拟器凭借优良的图形表现、精确的飞行模型以及强大的联机功能，成为飞行爱好者的热门选择。与 RealFlight 相比，Phoenix RC 可能在某些特定领域稍有逊色，但其易用性和社区支持使其同样值得推荐。

它能够模拟多种类型的飞行器，包括多旋翼、固定翼和直升机等。用户可以通过简单的操作进行飞行器的选择、场景设置以及控制参数的调整。软件界面支持多种语言，包括但不限于中文，并且提供了详细的校准和设置选项，确保用户可以根据自己的需求进行个性化配置。此外，Phoenix RC 模拟器还支持在线更新，以确保软件的稳定性和兼容性。

Phoenix RC 目前最高版本 6.0.i，是非商业项目。下面从 Phoenix RC_5.5.1 为例，讲解模拟器的安装与使用。

知识点 1　Phoenix RC 模拟器使用前准备

1. 模拟飞行专用遥控器 SM600 的连接

扫码观看 Phoenix RC
模拟器的安装与使用

Phoenix RC 模拟器支持通过标准 USB 接口连接遥控器与电脑，首次连接时，系统会自动提示找到 USB 人体学输入设备，并为其安装驱动程序，确保用户可以顺利使用模拟器进行飞行训练。SM600 专用遥控器含内置加密狗，如图 1.4.1 所示。

（6通）辅助通道 —— 辅助通道（5通）

油门微调 —— 升降微调

副翼与升降摇杆

油门与方向摇杆 —— 副翼微调

方向微调

电源开关

遥控器手柄内置加密狗，可直接切换档位，拨到对应的软件名称后，重新打开电源，再运行模拟软件。譬如，运行 Phoenix RC 软件前，拨码开关先拨到 Phoenix RC 档位，再开机

图 1.4.1　SM600 遥控器连接使用

2. 普通遥控器搭配加密狗连接 PC

（1）普通遥控器背后接口，用适配线连接加密狗，将加密狗设置为 Phoenix RC 模式，如图 1.2.13、1.4.2 所示。

3.5mm 音频口	适合MC、华科尔、某疆等遥控的模拟口，基础的模拟器接线口	方头转换线	适合FUTABA遥控器的模拟口，基本上属于专用接口	小圆头转换线	适合天地飞、富斯、乐迪等遥控器的模拟口，应用最广的模拟口

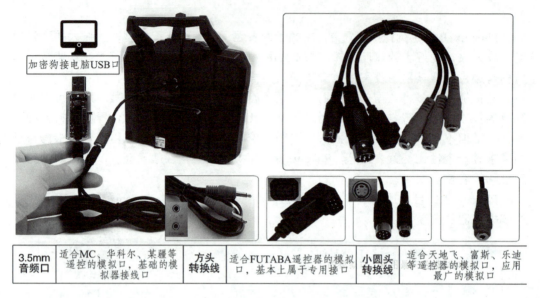

图 1.4.2　加密狗连接遥控器与电脑

（2）将加密狗连接到计算机的任意 USB 接口，看到加密狗上的指示灯快速闪烁（首次使用时，可能提示正在自动安装驱动），当指示灯由快闪变成常亮时，说明识别成功。

3. 软件的安装

Phoenix RC 模拟软件可一键安装，也可以压缩包解压后直接使用，不需要安装。安装过程如下。

第一种方法：PhoenixRC 5.5 安装包，打开后点击 setup.exe 安装程序安装。如图 1.4.3 所示。一键安装过程如图 1.4.4 所示。

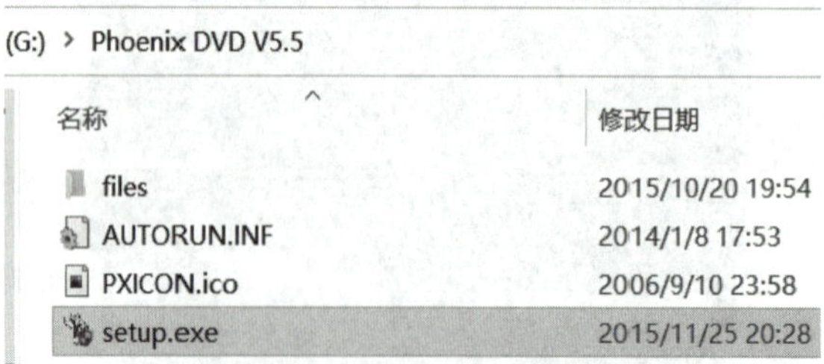

图 1.4.3　Phoenix RC 5.5/6.0 安装包

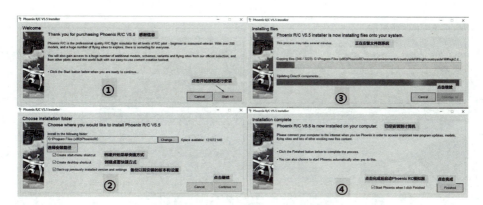

图 1.4.4　PhoenixRC 5.5 安装过程

安装完成，桌面显示 3 个图标，分别是 Phoenix Builder、Phoenix RC 和 Adobe Reader 9。

第二种方法：PhoenixRC 5.5 压缩包解压后直接使用。

压缩包解压后（不需安装），点击 phoenix RC.exe 直接运行，选中的同时点击鼠标右键发送到桌面快捷方式，下次使用时，可直接在桌面上打开，如图 1.4.5 所示。

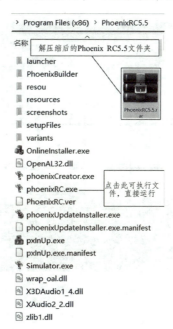

图 1.4.5　PhoenixRC 5.5 软件包

安装完成，进入开始界面。

界面如图 1.4.6 所示。通过加密狗将遥控器与计算机连接，开关选择 Phoenix RC，点击"Start Phoenix R/C 进入模拟器"，如图 1.4.7 所示。演示模式（Demo Mode）下用户可体验到模拟器的基本功能和一些预设场景,但可能会有功能限制或者时间限制。安全模式（Safety Mode）用于减少飞行器失控风险，例如，限制飞行器的速度和响应，启用额外的飞行辅助功能。安装更新（Install an update）：从 Phoenix 5.5.1 版本升级至 6.0.i 版本的更新数据大小为 60 MB，升级前，须预先到托管网站下载升级包。

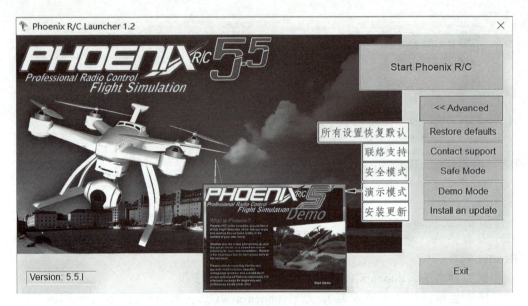

图 1.4.6　Phoenix RC 开始界面

图 1.4.7　Phoenix RC 模拟飞行软件界面

4. 系统模块更新升级

　　双击桌面模拟器图标，进入软件，进入时一般有更新提示，可以在主界面打开"系统设置"，选择"Downloads"下载最新的模型（82 个）、机场（29 个）以及使用说明书（4 份），如图 1.4.8 所示。图中，新增 DJI Phantom V1 多旋翼模型。

图 1.4.8　系统模块更新升级

知识点 2　遥控器的设置

遥控器的设置分三步，包括准备遥控器、校准遥控器和控制通道设置。如图 1.4.9 所示。在第一次安装模拟器时，会自动进入配置新遥控器页面，依次完成如下设置步骤。

1. 准备遥控器

（1）点击菜单栏"系统设置"，选择下拉子菜单栏中的"设置新遥控器"，弹出遥控器配置界面，如图 1.4.9 所示。

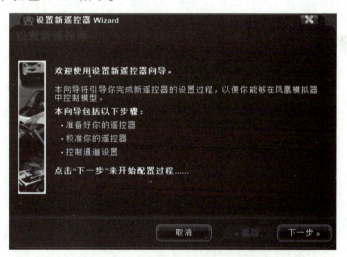

图 1.4.9　遥控器设置的步骤向导

遥控器准备选项：首先在遥控器中新建一个固定翼、直升机或多旋翼的模型；其次，凤凰模拟器建议设定为直升机模式，并关闭混控（模拟器内已配置混控）；最后，一般遥控器都采用 2.4 GHz 扩频技术，如果该遥控器不属于此类，则根据图中的提示设定 PPM。

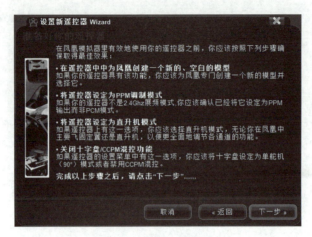

图 1.4.10　准备遥控器

2. 遥控器的校准

校准遥控器之前，请确认遥控器的通道配置。进入遥控器校准页面，根据提示信息依次实施。

（1）需要知道凤凰遥控器上所有通道的中立位置。将所有摇杆回中，并点击"下一步"；

（2）需要知道凤凰遥控器上所有摇杆的最大行程。将遥控器上所有摇杆缓慢而完整地画圆，触及四角，确保模拟器识别最大最小舵量；

（3）需要知道凤凰遥控器上所有开关的最大行程。将遥控器上 5、6、7、8 通道开关依次拨动至最大最小，观察通道号是否相符；

（4）检查校准结果，黄色柱条是否跟随摇杆平滑移动。校准成功点击"完成"；校准失败，点击"重来"，如图 1.4.11 所示。

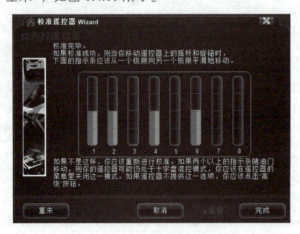

图 1.4.11　校准完毕检查

3. 控制通道设置

校准完成后，软件直接进入通道配置文件选择。另外，也可以通过菜单栏"系统设置"选择"控制通道设置"，点击"新建配置文件"，进入通道配置文件向导。如图 1.4.12 所示，可以不选择系统预先配置好的遥控器。以下控制通道设置均以"美国手"为例。

图 1.4.12　新建配置文件

（1）创建新的配置文件，并对遥控器配置文件进行重命名（New Profile），默认"快速设置"，点击"下一步"。如图 1.4.13 所示。

图 1.4.13　配置文件重命名

（2）准备工作。将所有摇杆置于中立位置，确保所有二段开关处于关闭/正常位置，并将全部微调钮置于中间位置，点击"下一步"。如图 1.4.14 所示。

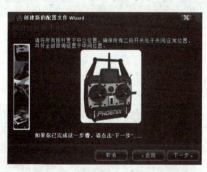

图 1.4.14　准备工作

（3）识别引擎控制的通道及正反。拨动 3 通道油门杆，注意观察黄色进度条（如果方向错误，点击"重试"），点击"下一步"。

（4）识别桨距控制的通道及正反。拨动 3 通道油门杆，注意观察黄色进度条（如果方向错误，点击"重试"），点击"下一步"。注意：若不飞直升机，则不需要桨距控制，可点击"Skip"跳过该选项。

（5）识别方向舵的通道及正反。拨动 4 通道方向杆，注意观察黄色进度条（如果方向错误，点击"重试"），点击"下一步"。

（6）识别升降舵的通道及正反。拨动 2 通道升降杆，注意观察黄色进度条（如果方向错误，点击"重试"），点击"下一步"。如图 1.4.15（a）所示。

（7）识别副翼舵的通道及正反。拨动 1 通道副翼杆，注意观察黄色进度条（如果方向错误，点击"重试"），点击"下一步"。如图 1.4.15（b）所示。

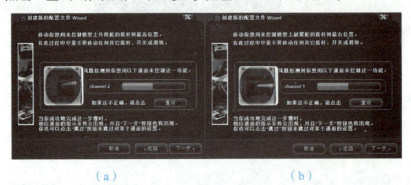

（a）   （b）

图 1.4.15   升降舵和副翼舵通道设置

（8）设置收放起落架通道。建议拨动遥控器 7 通道（也可以跳过），点击"下一步"。如图 1.4.16（a）所示。

（9）设置襟翼控制通道。建议拨动遥控器 5 通道（也可以跳过），点击"下一步"。如图 1.4.16（b）所示。

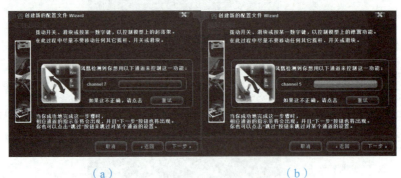

（a）   （b）

图 1.4.16   起落架与襟翼控制通道设置

（10）控制通道设置完毕，点击"完成"。如图 1.4.17 所示。

图 1.4.17   控制通道设置完毕

4. 检查遥控器的设置

飞行模拟过程中，若发现正反设置或者通道号设置错误，在此处可以进行修改。

（1）点击菜单栏的"系统设置"→"控制通道设置"→选择配置文件名（例如 New Profile），点击"编辑配置文件"，如图 1.4.12 所示。

（2）检查遥控通道设置。点击"简要信息"，检查 1、2、3、4 通道是否为副翼、升降、油门、方向。检查 5、6、7 通道是否为襟翼、桨距控制、起落架控制。Autopilot Mode 建议设置 8 通道。如图 1.4.18 所示。注意：通常直升机 3 通与 6 通混控联动。

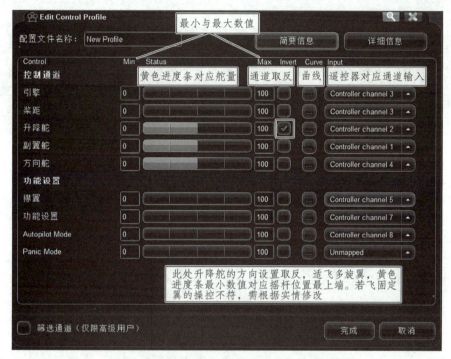

图 1.4.18 检查遥控通道设置

（3）检查通道数值位及变化率。对应遥控器操纵杆的位置，仔细检查舵量的最大值与最小值是否相对应，仔细检查数值变化是否均匀，是否反应灵敏，大多数失误出现在遥控器的校准步骤中。

（4）检查遥控通道方向。若方向错误，可通过"√"勾选或取消。

（5）美国手遥控器配置为日本手的模拟飞行训练，通道设置如图 1.4.27 所示。

知识点 3 Phoenix RC 模拟器的常用菜单功能

1. 选择模型

（1）选择模型与设置飞行难度。

更换不同模型，可在"选择模型"→"更换模型"里边选择要更换的模型（固定翼、滑翔机、直升机、多旋翼等不同机型均可选择使用）。如图 1.4.19 所示。

在"选择模型"→"编辑模型"子菜单栏中设置操作难易程度。

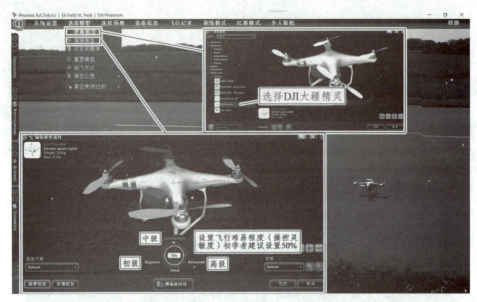

图 1.4.19　更换飞机模型

（2）推荐训练机型与参数。

多旋翼推荐 DJI Phantom。

固定翼推荐 High-wing Trainer、E-Flite Apprentice 15e 和 Kyosho Edge 540，注意 E-Flite Apprentice S15e 带自稳控制。

直升机推荐泰世 Gaui X7、Henseleit Three Dee Rigid 2010、亚拓 Align T-Rex 700 和 Align T-Rex 700E 3G。

2. 选择飞行场地

（1）更换场地。

"选择场地"→"更换场地"子菜单栏，进入飞行场地库，根据需求来选择。如图 1.4.20 所示。

图 1.4.20　选择飞行场地

（2）场地天气。

"选择场地"→"场地天气"子菜单栏，根据需求来设置。如图1.4.21所示。

图 1.4.21　设置场地天气

（3）场地布局。

"选择场地"→"场地布局"子菜单栏，根据需求叠加场地布局。如图1.4.22所示。

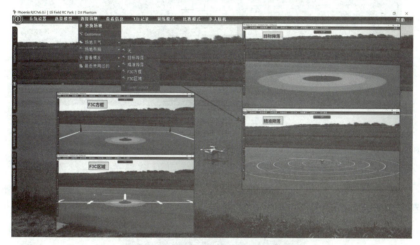

图 1.4.22　设置场地布局

（4）推荐训练场地。

建议训练场选择体育馆 Sports Hall、停车场 Car Park、Kambah Field、Flying Field 或 Playing Field。其中，停车场 Car Park 的地面标志可以协助水平"8"飞行。如图 1.4.23、图 2.3.3 所示。

图 1.4.23　Car Park 场地

3. 查看信息

（1）各仪表显示小工具。

"查看信息"→"屏幕显示"子菜单栏，在屏幕上有很多显示辅助飞行的数字化仪器、工具可选择使用，如图 1.4.24 所示。

例如，"飞行姿态"小工具可以帮助初学者在飞行器飞远无法确认机头方向和机身姿态的时候，辅助确认机头方向和机身姿态，以及时调节和操控。"模拟速度"小工具设置飞机物理速度，可根据学员的熟练程度在 80%和 125%之间设置，默认训练值100%。

图 1.4.24　查看信息

（2）变换摄像机视角。

"查看信息"→"摄像机视角"子菜单栏，可设置普通、始终看到地面、自由模式、转变视角、尾随、驾驶舱等摄像机角度，如图 1.4.25 所示。注意，尾随和驾驶舱视角仅支持 3D 场地，文字灰色时代表禁用。

图 1.4.25　变换摄像机视角

4. 训练模式、比赛模式

初学者用模拟器练习时，可通过训练模式针对单个通道操控进行单一练习或者两个通道组合练习。当操控熟练到一定程度后，可尝试选择模拟器中的比赛模式，这些比赛模式都可以用来提高操控熟练度。Phoenix 6.0.i 版本已对训练模式的菜单各项中文名称进行了修正，例如，"自旋降落训练"修正为"自旋降落（熄火降落）"，"扭矩训练"修正为"吊机练习"。如图 1.4.26 所示。

图 1.4.26　训练模式与比赛模式

5. 训练小窍门

运用美国手遥控器实施日本手训练，将 SM600 倒置使用，遥控器通道的配置，如图 1.4.27 所示。

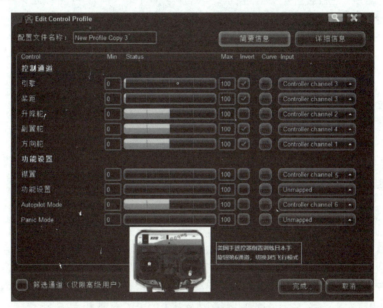

图 1.4.27　美国手遥控器改日本手训练

模块 2　多旋翼飞行模拟

在实施多旋翼模拟飞行训练过程中，学员需进行遥控器通道配置与校准、模型选择、场地选择、训练模式选择、环境参数设置等，训练过程要循序渐进，先实施单侧悬停、全通道四面悬停及八面悬停，而后训练水平 360°匀速自旋、水平"8"字匀速绕飞绕圈，从而与达到 CAAC 考核的要求。最后训练无人机航拍运镜与 FPV 穿越机的操控技能，为外场飞行打下基础。

知识目标

1. 了解多旋翼无人机的特点、分类、应用领域等信息。
2. 掌握多旋翼无人机的各部分组成与功能。
3. 结合多旋翼无人机实物，理解无人机飞行原理。
4 了解多旋翼的相关专业术语。
5. 熟悉 CAAC 多旋翼实操考试的科目与技能。

技能目标

1. 熟悉遥控器每个遥杆的功能，如油门、方向、横滚和俯仰。
2. 能够完成多旋翼无人机起飞、降落、悬停和转向等基本动作的操控。
3. 能在各种模拟场景下，完成多旋翼无人机全通道模拟飞行。基本掌握四面悬停、自旋 360°，"8"字飞行、航拍运镜以及操控 FPV 穿越机等技能。
4. 能进行模拟飞行软件的遥控器校准、风力设置、场地设置和机型选择。
5. 能按生产现场管理 6S 标准，清除现场垃圾并整理现场。

任务 1　多旋翼基本组成、专业术语及飞行技能

多旋翼操控模拟飞行训练，是提高飞行教学和训练效率的有效方法之一，可大幅缩短飞行员的培训周期，提高飞行员的技术水平和培养飞行员的实践能力，为外场飞行打下坚实的基础。

知识点 1　认识多旋翼无人机

无人机用途极为广泛，除了军事用途外，主要集中于航拍、测绘、植保、电力巡检等领域。

1. 多旋翼无人机的特点及应用领域

无人机（Unmanned Aerial Vehicle，UAV）是利用无线电遥控设备或自备的程序控制装置操作的不载人飞机，目前无人机分类没有统一的标准，有多种划分方法。请查阅相关资料并回答下列问题。

（1）无人机按照什么划分方法来划分固定翼、多旋翼和无人直升机？

（2）多旋翼无人机与固定翼无人机、无人直升飞机相比有哪些优点和缺点？

（3）请简述多旋翼无人机的应用领域。

2. 多旋翼无人机的基本组成

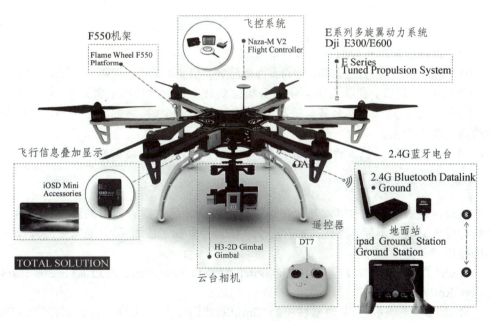

图 2.1.1　多旋翼无人机的基本组成

多旋翼无人机是应用较广的一种机型，它主要由机架、飞控系统（飞控、GPS、BEC 电源模块）、动力系统（电机、电调、螺旋桨）、遥控设备、数传电台、地面站等部分组成，如图 2.1.1 所示。请查阅相关资料，结合指定的设备机型，写出多旋翼无

人机各部件的名称与作用。

知识点 2　多旋翼无人机的飞行原理

1. 飞行原理

四轴飞行器是多旋翼无人机的其中一类。其主要飞行动作有垂直运动，前后（俯仰）运动、左右侧向（横滚）运动、方向旋转（偏航）运动，如图 2.1.2 所示。飞行原理可参阅图 2.1.2 中电机中心箭头：当四台电机全部加速时，无人机上升；当四台电机全部减速时，无人机下降；某两台电机增速或减速，可以控制飞机俯仰、横滚与偏航运动。

电机中心箭头代表增速减速，图 2.1.2（a）为前进运动，M1、M2 减速，M3、M4 增速；图 2.1.2（b）为向左运动，M1、M4 增速，M2、M3 减速；图 2.1.2（c）为顺时针旋转，M1、M3 增速，M2、M4 减速。

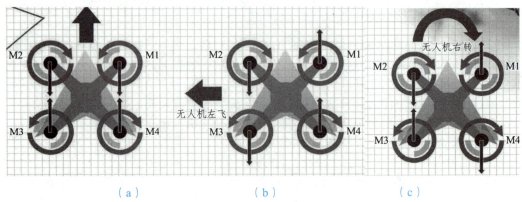

（a）　　　　　　　　（b）　　　　　　　　（c）

图 2.1.2　俯仰、横滚与偏航运动

对它进行控制时一般有以下 4 个基本操作：

（1）roll 横滚。机身左右偏，绕自身纵轴旋转，机头不偏转。控制飞行器的左右平移。

（2）pitch 俯仰。机头上下，绕自身横轴旋转。控制飞行器的前后平移。

（3）throttle 油门。控制各电机动力输出大小。控制飞行器的上下平移，飞行器离地的高度发生变化。

（4）yaw 偏航。机头转向，绕自身立轴旋转。控制飞行器的旋转。

2. "日本手""美国手"和"中国手"的操控区别

航模活动较早开展在日本与北美地区，这两个地区对遥控器中的两个摇杆四个通道的功能定义略有不同，因此又被区分为"美国手"和"日本手"。通常多旋翼无人机的操控用"美国手"较多。

Model 1 "日本手"：左边摇杆控制 Pitch 俯仰和 Yaw 方向，右边摇杆控制 Throttle 油门和 Roll 横滚；

Model 2 "美国手"：左边摇杆控制 Throttle 油门和 Yaw 方向，右边摇杆控制 Pitch 俯仰和 Roll 横滚；

Model 3 "中国手"：左边摇杆控制 Pitch 俯仰和 Roll 横滚，右边摇杆控制 Throttle 油门 和 Yaw 方向。

如图 2.1.3 所示，"日本手"与"美国手"的区别是，将控制无人机的油门与俯仰进行了对调，而"中国手"的操作习惯与"美国手"正好相反，因此也称为"反美国手"。俯仰又称升降，横滚又称副翼，方向又称偏航。

图 2.1.3　美国手（左图）与日本手（右图）

知识点 3　多旋翼专业术语与名词

1. 飞行模拟相关专业名词

（1）UAV：无人机（Unmanned Aerial Vehicle）的英文缩写。

（2）轴数：多旋翼型号以轴数命名，简称多轴，包括三轴、四轴、六轴、八轴等等。

（3）轴距：多旋翼型号以轴距命名。F450 就是轴距为 450 mm 的多旋翼，模型 Octocopter 1000 就是轴距为 1 000 mm 的多轴无人机。

（4）无人机布局模式：包含 X 型、H 型、X 型、十字型、Y 字型（三轴 Y 字、六轴 Y 字等）。例如，小精灵四轴 Quadcopter X。

（5）穿越机：是指多旋翼竞技运动无人机，一般轴距在 150～300 mm，模型 H4 Quadcopter 520 就属于穿越机。

（6）飞控：无人机的高集成度飞行控制系统。

（7）遥控器：无线遥控，简称 R/C（是 Radio Control 缩写），用于人工操作无人机的控制器，开控就是打开 RC 遥控器。

（8）地面站：基于 PC 端的用于控制、数据传输和图像传输等多功能综合一体系统的统称。模拟器中抬头显示器便属于地面站的一部分。

（9）图传：实时图像无线传输（分 Wi-Fi 图传和 5.8G 图传等），由发射、接收、显示器组成。

（10）数传：无人机数据链传输，能实时反馈无人机飞控系统数据，诸如故障警告、GPS 位置、航线等。

（11）FPV：First Person View 的缩写，即"第一人称主视角"图传，通过无人机上图像传输，实时观看屏幕并操控飞机。

（12）二轴自稳云台：指使用具有水平旋转（左右）和俯仰旋转（上下）两个轴的自稳定云台，用于保持相机稳定的设备。由传感器（陀螺仪等）获取云台的姿态变化，经过 PID 运算，驱动两轴电机，保持云台的姿态自稳。

（13）三轴自稳云台：在二轴自稳云台基础上增加了一个横滚轴的姿态控制，在飞行过程中实现更加稳定的相机控制。原理同二轴自稳云台。

（14）罗盘：飞控上的电子指南针。

（15）调参：飞控系统软件和飞行参数的设置、校准。

（16）电调：电子调速器的简称。

（17）无刷电机：没有碳刷的电机。

（18）RC 遥控器的接收机：遥控器的接收端。

（19）RC 遥控器中立微调：调节遥控杆的中间位数值的开关。

（20）RC 遥控器的通道：可独立控制的动作路数。例如四通道，副翼、升降、油门、方向。通常来说，多旋翼控制运转中需要用到上下、左右、前后、旋转，即四个通道。

（21）S-BUS 接收机：高级数字单线遥控器接收机。

（22）PWM 接收机：指能接收多路 PWM 信号的遥控器接收机。

（23）油门行程：遥控器油门的行程量。

（24）飞行模式 Stabilize：自稳模式，无法自动保持高度，需手动参与控制。

（25）飞行模式 Altitude Hold：定高模式，也称姿态模式，有气压计参与定高，但没有 GPS，会漂移。

（26）飞行模式 Loiter：悬停模式，也称 GPS 姿态模式，既有定高也有定点。

知识点 4　飞行技能及任务需求

结合实际运用需求，该模块训练项目主要以 CAAC 执照考核、无人机航拍、FPV 穿越机竞速等技能训练为主。通过持续的练习和实践，能切实提高训练者的飞行技能和反应能力，使其掌握多旋翼无人机操控的基础技能。

（1）CAAC 执照考核。

民航局无人机驾驶员执照户外实操考核部分分为两个考试科目："水平 360°匀速自旋"和"水平'8'字匀速绕飞"，详见任务 2、3 的相关内容。

（2）航拍技能。

无人机航拍凭借其独特视角和高灵活性，已成为众多领域的重要作业工具。在旅游行业，无人机航拍技术为游客提供了全新的观光体验；在影视制作领域，无人机航拍技术为电影、电视剧等影视作品带来了更加震撼的视觉效果；在新闻报道中，无人机航拍技术也为观众带来了更加直观、生动的现场报道。详见任务 4 的相关内容。

（3）FPV 穿越机飞行技能。

FPV 穿越机（First Person View Racing Drone）是一种用于竞速和特技飞行的无人机，不仅适合喜欢飞行挑战和速度感的爱好者，也能用来拍出炫酷的航拍画面，目前其市场运用已从娱乐领域向军事领域拓展。FPV 是第一人称视角的缩写，因此使用时一般需要佩戴 FPV 眼镜，有种身临其境的感觉，所以沉浸感最强。详见任务 5 的相关内容。

任务 2　多旋翼训练——四面悬停和自旋 360°

该项模拟飞行训练，参考 CAAC 技能考核标准。

一、训练任务描述

1. 动作内容

悬停是基本功，需要反复练习对油门和姿态的控制，才能熟练保持无人机在空中静止（即把飞机控制在规定平方米范围内）。四面悬停即实现无人机在前、后、左、右四个方向的悬停，熟练四面悬停，便为之后水平自旋 360° 飞行打下基础。

主要完成以下训练内容：

（1）单侧悬停（对尾、对头、对左侧、对右侧）；

（2）四面悬停（将单侧悬停连续，中途不停顿、不起降）；

（3）八面悬停（连续四面悬停的基础上进行）；

（4）原地 360° 慢速自旋（在八面悬停的基础上进行）。

2. 训练要求

（1）掌握无人机在前、后、左、右四个方向上的悬停技术。

（2）学习如何在四面悬停过程中维持无人机的稳定性和位置。

（3）提高对无人机操控的敏感度和反应速度。能够在定高自旋 360° 过程中稳定地进行无人机悬停操作。

（4）针对 RealFlight 模拟器，能够在不同环境和条件下稳定地进行四面悬停、八面操作。

（5）针对 Phoenix RC 模拟器，能在全通道四面悬停模式以及 F3C 场景下进行四面悬停、八面悬停和定高自旋飞行训练。

二、训练机型及环境的参数设置

1. 影响悬停的主要因素及参数设置

（1）太阳倾角的调整。建议每次训练，太阳倾角更改为 90°，太阳位于正上方，方便实时观察飞机的垂直影子是否出圈，方位角参数默认即可。如图 1.3.14 所示。

（2）散热分动态和简单两种。当设置为动态，明显看到风向标有动，建议初始训练时，选择"动态"模式，增强训练手感。如图 1.3.15 所示。

（3）风速、风向与湍流的调整。可提升悬停训练的快速反应能力，建议初始训练时，风速设置默认为 0。增加训练难度，风速一般设置不超过 4 级。如图 1.3.16 所示。

（4）物理因素。可循序提升悬停技能的快速反应能力。重点为速度参数的调整，速度设置 80/100/125，飞行难度递增。建议训练 Realistic 逼真设定，即速度默认训练值为 100，模型为最逼真，且关闭驾驶辅助，如图 2.2.1 所示。

图 2.2.1　RealFlight 模拟器的物理选项

（5）RealFlight 模拟器通道 8 控制，可选择 3 种飞行模式，-100%对应 Stabilize 自稳，0%对应 Altitude Hold 姿态，100%对应 Loiter 悬停（GPS 姿态），如图 2.2.2 所示。建议初始训练时，选姿态模式，训练熟练以后，改用自稳模式（不含气压定高），以提高训练难度，再之后换模型，改用手动模式。自旋 360°不选 GPS 姿态。小提示：RealFlight 8.0 模拟器"浮动窗口"菜单新增"Flight Modes"小工具，当切换飞行模式时，方便实时查看当前模式，如图 2.2.2 所示。

（6）RealFlight 模拟器模型若包含相机，通道 6 配置为云台俯仰控制。

（7）RealFlight 模拟器小精灵包含两种模型，分别为 Quadcopter X 和 Quadcopter X（classic）。其中 Quadcopter X 操控同上述，对应 3 种飞行模式。Quadcopter X（classic）仅有手动模式（无自稳），飞行操控姿态完全由飞手控制，类同于 Phoenix RC 模拟器中的 DJI 模型。

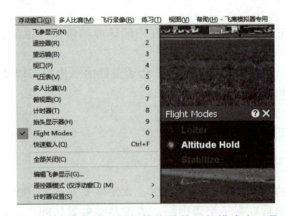

图 2.2.2　RealFlight8.0 模拟器的飞行模式小工具

2. RealFlight 模拟器

（1）RealFlight 模拟器有多种机型可选。模型选择方面，有大八轴 Octocopter 1000 机型（见图 2.2.3）、穿越机 H4 Quadcopter 520、大六轴 Hexacopter 780 机型、大四轴 X8 Quadcopter 1260 机型、小精灵四轴 Quadcopter X。初始训练建议飞行模式为 Altitude Hold 姿态，不建议直接训练手动模式控制机型。

图 2.2.3　Octocopter 1000 机型

（2）训练四面悬停自旋 360°时，RealFlight 模拟器有多种场景可选，只要是 F3C 方框具备中心圆的机场均可。例如，可选择 Obstacle Course＋相机位置 Helipad、RealFlight Ranch＋相机位置 Helipad、Castle＋相机位置 Far Pits、Observatory＋相机位置 Pilot＋Spawn，此外，也可根据需求编辑场景。如图 2.2.4 所示，选择 Joe's Garage pro 场地，参阅凤凰模拟器 F3C 方框，训练场增添 4 个边界警示桩，并替换直径大的中心地标圆圈，方便考核。有关机场的编辑请参阅模块 6 任务 2 的相关内容。

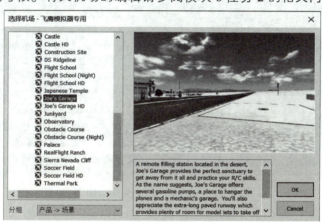

（a）

（b）

图 2.2.4　RealFlight 7.5 模拟器的机场

3. Phoenix RC 模拟器

（1）多旋翼一般选择 Blade 350-QX 和 DJI Phantom 两种机型，训练建议手动模式。Blade 350-QX 默认有 3 种飞行模式，分别是智能模式 Smart，也称无头模式（自稳+定高+定点）、自稳模式 Stable（有两种：自稳定点不定高、仅自稳）、手动模式 Agile，由通道 8 切换模式。DJI Phantom 模型仅手动模式。

直升机一般选择 Henseleit Three Dee Rigid2010、Align T-Rex 700、Gaui X7 等，直升机是纯手动控制，此任务可以替代多旋翼，提升训练效果。

（2）一般场地选择 Flying Field、Kambah Field、Sports Hall、Playing Field 等，并且需要叠加场地布局 F3C 方框，突出边界感。其中，选择 Sports Hall 体育馆场景，可观察的飞机影子垂直地面，便于精确考核飞行中是否超出边界。

（3）常用小工具勾选，模拟速度、遥控器、飞行参数表及计时器，如图 2.2.5 所示。建议模拟速度默认 100%，初学者可选 80%；遥控器方便观察手法，飞行参数表能观察飞行高度及时修正，计时器记录飞行时间，方便考核。

图 2.2.5　Phoenix RC 模拟器机型与环境

子任务 2.1　四面悬停

一、训练安排（训练的步骤、技巧）

模拟飞行前的准备工作：

首先，观看多旋翼四面悬停模拟飞行操控教学视频，掌握通道打舵技巧。

其次，配置好遥控器的基础设置：正确配置各通道及开关，进行遥控器校准、模型选择、场地选择、训练模式选择等。

扫码观看 Phoenix RC　　扫码观看 RealFlight 模
模拟器训练四面悬停　　拟器训练四面悬停

1. 训练步骤与技巧

执行全通道四面悬停训练，训练步骤如下：

第一，多旋翼对头、对左、对右、对尾悬停，各悬停状态保持 30 s，如图 2.2.6 所示。

第二，熟练悬停技能的基础上，控制飞机完成前后左右水平匀速直线移动，可参考矩形小航线进行训练，如图 2.2.7 所示。

第三，熟练悬停技能后，在其基础上，控制飞机完成前后左右水平匀速斜线的移动，可参考米字小航线进行训练，如图 2.2.8 所示。

第四，飞行模式由 Altitude Hold 姿态变更 Stabilize 自稳，由于飞机不具备定高功能，需加入油门通道控制高度，完成前三项训练内容。

第五，变更为手动模式，完成前三项训练内容。RealFlight 7.5 飞机模型 Quadcopter X（classic）机型。建议 Phoenix RC 模拟器主要以手动控制，完成前三项训练内容。训练中，改变影响悬停的环境参数，可增加难度。

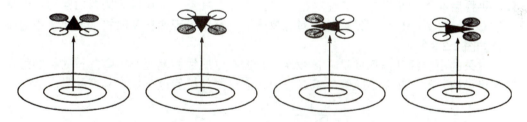

图 2.2.6　多旋翼无人机四面悬停

训练科目如下：

（1）对尾悬停训练。

飞机升空后，机尾朝向操控手（机头朝向前方），尽量保持定点悬停，并保持水平稳定。对尾悬停训练可在初期锻炼飞手在操控上的基本条件反射。

（2）对左侧悬停训练。

飞机升空后，相对于操控手而言，机头向左（左侧位），完成定点悬停。对于新手来说，可以从 45°斜侧位对尾悬停开始练习。

（3）对右侧悬停训练。

飞机升空后，相对于操控手而言，机头向右（右侧位），完成定点悬停。

（4）对头悬停训练。

飞机升空后，机头朝向操控手，尽量保持定点悬停。除油门以外，其他方向的控制对于操作手的方位感觉来说，跟对尾悬停相比都是相反的。建议先将侧位悬停练习熟练，再进入对头悬停飞行。

（5）四面悬停训练。

在四个方向上连续切换悬停位置，提升多方向操控的流畅性和精确度。

（6）八面悬停训练。

在八个方向上（含四个对角线方向）连续切换悬停位置，训练悬停微调控制技能。

（7）矩形小航线训练。

在四面悬停与八面悬停基础上，练习顺时针、逆时针直线移动。对尾悬停基础上的矩形航线如图 2.2.7 所示，训练期间一定要注意控制飞机前进的速度。

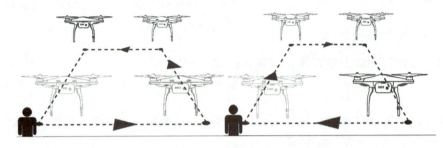

图 2.2.7　矩形小航线

另一种矩形小航线训练，为机头跟随航线方向走直线。例如，首先进入对尾悬停，再向左或向右旋转 90°，然后控制飞机在一个矩形航线上，作顺时针或逆时针飞行，在矩形的每个点上，稍作悬停旋转 90°（机头始终朝向运动方向），最后飞行到下一个点。

（8）米字飞行小航线训练。

米字飞行要求飞手在图示规定区域内对侧飞行，H 点起降。无人机起飞后对尾悬停，平稳后改为对左悬停，匀速飞往 A 点→B 点→H 点，平稳后改为对右悬停，匀速飞往 C 点→D 点→H 点，最后改为对尾悬停。过程中出现漂移及时打舵纠正，中途不停，如图 2.2.8 所示。

过关的小航线动作标准是：直线飞行时控制好航线的笔直，转弯飞行时控制好左右弯半径的一致。在整个航线飞行过程中，应尽量保持速度一致，高度一致。

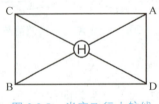

图 2.2.8　米字飞行小航线

2. 训练小提示

（1）注意遥控器正确的握持姿势。

（2）单侧悬停在指定圈内保持 60 s 以上，高度 1.5～2 m。

（3）连续四面悬停，每侧悬停在指定圈内保持 30 s，共 120 s，若悬停过程炸机，之后成绩不计。建议将最佳的 1 次飞行记录（录像）计入考核成绩，训练过程即考核过程，训练考核不限时间段，但成绩只能提交 1 次自认为最佳的。

（4）Phoenix RC 模拟器的 DJI Phantom 模型，悬停范围不超出绿圈区域；直升机模型的悬停范围不超出 F3C 方框。

二、训练考核标准

（1）依据表 2.2.1 验收标准，进行自我检查。

（2）按照模拟飞行训练项目及过程记录表，评分小组检查并初评。

（3）初评合格后，按表 2.2.1 所列模拟飞行训练验收标准进行验收并评分。

表 2.2.1　多旋翼无人机模拟飞行验收标准及评分表

验收项目	评价内容	验收标准	配分	评分
Phoenix RC 模拟器，全通道训练四面悬停	对尾悬停 对左侧悬停 对右侧悬停 对头悬停	操控无人机完成定高、定点悬停；无错舵；无人机水平方向不得飞出绿圈区域；高度不得出现大幅的掉高和飘高，上下浮动 2 cm 以内；单侧悬停时间＞60 s，含稳定起飞与降落过程；完成单侧悬停飞行记录（录像）60 s，四项分开评分	20	
	多旋翼 连续四面悬停	操控无人机完成定高、定点悬停；对尾悬停 30 s，再旋转 90°对左侧 30 s，再旋转 90°至对头 30 s，最后旋转 90°到对右侧 30 s，操控无人机状态，过程平稳；无人机水平方向不得飞出绿圈区域，物理速度 80%。飞行记录（录像）共 120 s	20	
	直升机 连续四面悬停	操控流程同上；无人机水平方向不得飞出 F3C 方框区域，物理速度 100%。飞行记录（录像）共 120 s	20	

三、思考题

（1）简述四面悬停与八面悬停的差异。

（2）哪种机型与环境配置接近外场训练手感？

（3）叙述你在直线与斜线匀速平移过程中，协调控制的心得体会。

（4）大八轴与小四轴的操控过程中有哪些不同点？

（5）Phoenix RC 模拟器多旋翼 DJI 模型与直升机模型的训练技能有哪些不同？

子任务 2.2　水平自旋 360°训练

一、训练安排（训练的步骤、技巧）

模拟飞行前的准备工作，同子任务 2.1。

从准备区域起飞过后缓慢移动到中心桩点处停留，飞行器要求在中心桩点正上方约 1～3 m 处定点悬停，向左或向右匀速旋转，对方向没有明确要求，如图 2.2.9 所示。

扫码观看 Phoenix RC 　扫码观看 RealFlight 模
模拟器训练自旋 360°　拟器训练自旋 360°

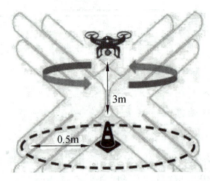

图 2.2.9　水平 360°自旋

1. 八面悬停

完成自旋 360°科目，前期要掌握八面悬停技能。训练方法与技巧如下：

将无人机在 F3C 方框升空，进行对尾悬停→斜对尾 45°悬停→对侧悬停→斜对头 45°悬停→对头悬停→斜对头 45°悬停→对侧悬停→斜对尾 45°悬停→对尾悬停，完成八位悬停，保持机身在指定的中心圈内，如图 2.2.10 所示。

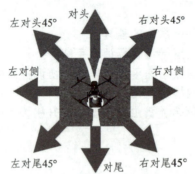

图 2.2.10　八面悬停

飞机在对尾、对头等悬停的基础上，加入方向舵，缓慢顺时针或逆时针旋转 45°，旋转过程中保持飞机位置不偏移，转至目标位置，在目标点上悬停 30 s。

2. 水平 360°匀速自旋

将无人机在 F3C 方框升空，保持定高且稳定悬停，缓慢操纵方向杆，旋转无人机方向，匀速缓慢绕机体中轴线顺时针方向（或逆时针方向）旋转 1 圈，如图 2.2.9 所示。全通道联动操控，保持在指定的中心圈内。

　　水平 360°科目的考核主要是考察驾驶员是否有意识地去修正无人机的飞行姿态，当飞机受外界影响（如风的来向）偏离中心圈，及时作出调整。

3. 训练小提示

　　（1）该项任务适用 RealFlight 模拟器，飞行模式为 Altitude Hold 姿态，太阳倾角设置 90°，散热设置动态，物理选项设置 Realistic 逼真。
　　（2）注意遥控器的正确握持手势。
　　（3）连续八面悬停动作，单面悬停时间原则不得低于 30 s。
　　（4）自旋 360°一周含起飞与降落时间，一般限制 60 s 内。视距内驾驶员建议 30 s 内，超视距建议 20 s 内，过程中不可以超时也不可以停顿。
　　（5）尝试在 Stabilize 自稳模式下重复上述内容。
　　（6）尝试 Phoenix RC 模拟器的 DJI 多旋翼或直升机，在手动模式下重复上述内容。难度大，不推荐凤凰模拟器作为考核标准。

二、训练考核标准

　　（1）依据表 2.2.2 验收标准，进行自我检查。
　　（2）按照模拟飞行训练项目及过程记录表，评分小组代表检查并初评。
　　（3）初评合格后，按表 2.2.2 所列多旋翼模拟飞行训练验收标准进行验收并评分。

表 2.2.2　　多旋翼无人机模拟飞行验收标准及评分表

验收项目	评价内容	验收标准	配分	评分
RealFlight 模拟器，全通道模拟训练，水平自旋 360°	连续八面悬停指定中心圈内	无人机在旋转过程中每个位置的姿态平稳，悬停切换流畅且旋转匀速；无错舵；无人机不得飞出圈；高度不得出现大幅的掉高和飘高；飞行记录（录像）共 120 s	20	
	定高水平自旋 360°在指定中心圈内	无人机在自旋过程中姿态平稳、匀速连贯；出现飘移时及时打舵纠正；无人机不得飞出圈；高度稳定，无掉高、飘高；旋转用时一般为 8～60 s	20	

三、思考题

　　（1）八面悬停的训练对自旋 360°起到了什么样的帮助？
　　（2）模拟操控训练与外场飞行的区别有哪些？训练内容的侧重点是什么？
　　（3）CAAC 考证标准是什么？

任务 3　多旋翼训练——水平"8"字

该项模拟飞行训练，参考 CAAC 考核技能标准。

一、训练任务描述

1. 动作说明

"水平'8'字匀速绕飞"是指飞机在空中保持高度，悬停定点，飞机以此点为交会中心顺时针或逆时针平行于地面飞行，飞行轨迹为"8"字。

训练主要完成以下内容：

（1）机头跟随绕圈（顺时针和逆时针）；

（2）水平"8"字；

飞行器升空后飞到自己的正前方，飞行器悬停，保持飞行器相机镜头（机头）一直指向飞行器飞行的前方，控制飞行器在一个圆形的航线上逆时针飞行，经过圆形出发点后，顺时针沿圆形航线飞行回到两个圆形的交汇点悬停，完成"8"字飞行。

2. 训练要求

掌握这一技能后，学员能够在不同地点、不同方向和角度，调整无人机的正确位置与稳定悬停。

（1）使学员能够在无人机顺时针与逆时针绕圈过程中，维持无人机的稳定性和位置。

（2）使学员能够在"8"字飞行过程中，协调配合升降、油门、方向和副翼四个舵，维持无人机的稳定性和位置。

（3）提高学员对无人机的操控敏感度和反应速度。

二、训练机型及训练场景参数设置

1. RealFlight 模拟器

绕圈飞行的场地选择 Air Race Stadium，同时"摄像机位置"选择 Tower Pilot Spawn，圆圈航线俯视图的设置，建议"缩放类型"选"手动"，太阳倾角调整为 90°。如图 2.3.1 所示，周围小工具依次为气压计高度、速度、计时器、遥控器。建议参照自己的需求自制训练场地，如图 6.2.4、6.2.5 所示。

RealFlight 模拟器的参数配置方面，建议太阳倾角选择"90°"（方便机身影子观察与航线重叠），视图缩放类型选"手动"，散热方式选"动态"，速度参数"100"，飞行模式 Altitude Hold 定高，机型选择 Octocopter1000 和 H4 Quadcopter 520，训练"8"字飞行的场地为自制机场 Soccer Field Pro（有关场景编辑请参阅模块 6 任务 2），如图 2.3.2 所示。

图 2.3.1　RealFlight 模拟器场地绕圈

图 2.3.2　RealFlight 模拟器机型与场地"8"字飞行

2. Phoenix RC 模拟器

Phoenix RC 模拟器参数配置。推荐多旋翼机型 DJI Phantom、Blade350-QX 或直升机 Henseleit Three Dee Rigid2010。

绕圈训练场地，在菜单栏依次单击"选择场地""场地布局""精准降落"，如图 2.3.3 所示。

训练"8"字飞行的场地，需要 7 个飞行警示桩的飞行辅助点位，选择 Car Park 场地，如图 2.3.4 所示，特别是最外侧的两个点位。

图 2.3.3　Phoenix RC 模拟器场地绕圈训练

图 2.3.4　Phoenix RC 模拟器机型与场地 "8" 字飞行

三、训练安排（训练的步骤、技巧）

模拟飞行前的准备工作：

首先，观看水平 "8" 字绕飞的模拟操控教学视频，掌握通道打舵技巧。

其次，配置好遥控器的基础设置：正确配置各通道及开关，遥控器校准、模型选择、场地选择、训练模式选择等。

扫码观看 Phoenix RC 模拟器多旋翼训练水平 "8" 字　扫码观看 RealFlight 模拟器多旋翼训练水平 "8" 字

1. 机头跟随绕圈训练

绕圈训练包含机头跟随航线、机头朝向圈外（俗称机头朝外刷锅）、机头朝向圈中心（俗称机头朝内刷锅）、机尾（机头、机左侧、机右侧）朝向飞手，此基础上又分顺时针和逆时针，进而又分前进和机头后退，细分下来有 28 种绕圈方式。本节任务主要训练机头跟随顺时针前进和机头跟随逆时针前进，如图 2.3.5 所示。

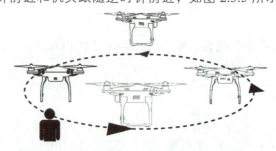

图 2.3.5　绕圈机头跟随逆时针前进

（1）训练方法与技巧。

轻推俯仰和方向杆，保持飞行器机头一直指向它飞行的前方，控制飞行器在一个圆形的航线上逆时针飞行，保持飞机匀速前进。

（2）训练注意事项。

① 飞行过程注意使飞行器高度不变，并尽量保持航线是圆形的。

② 飞行过程注意0°、90°、180°、270°时刻的飞机机头方向是否正确。

③ 增加训练难度，可尝试在Stabilize自稳模式下重复上述内容。

2. 水平"8"字绕飞

水平"8"字绕飞飞行要求：飞行器要求从中间警示桩开始，顺时针或逆时针前进，两边各飞一个半径6 m的圆。如图2.3.6所示。

（1）训练方法与技巧。

轻推俯仰和方向杆，使飞机匀速前进（注意速度不能过快），微调横滚杆确保飞机在航线上，每个圆圈飞机到达警示桩的位置状态，分别是对尾、对左、对头、对尾。

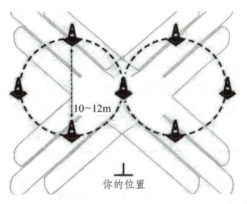

图 2.3.6　水平"8"字绕飞

如图2.3.7与2.3.8所示为模拟飞行与真机飞行的飞手视角对比图，注意图中脚架与云台相机的位置，飞机为对正状态。

图 2.3.7　模拟飞行飞手视角

图 2.3.8　真机飞行飞手视角

（2）训练注意事项。

① 飞行过程中注意飞行器高度不能有大幅度变化，并尽量保持航线是圆形的（偏向圈外或圈内时，微调横滚或方向舵调整），飞机不能偏出所有桩点范围。

② 两个圆的交叉点保持为飞行器对尾悬停，并为开始飞行的原点。

③ 飞行中速度要慢，过程中要保持匀速，以便能及时修正机头方向。

④ 针对质量>7 kg 的多旋翼，飞行时不可避免会有惯性产生，当飞机转动方向时，飞机会向原方向继续行驶，即为侧滑，这时就要通过修正横滚来抵消侧滑的产生。飞机向左半圈行驶时轻打左横滚，飞机向右半圈行驶时轻打右横滚，来避免侧滑。

⑤ 增加训练难度，设置风速与风向参数。飞机在进行水平"8"字行驶途中，如遇到逆风、逆风转侧风、侧风转顺风等工况，及时附加横滚与俯仰舵量，保持飞机匀速行驶。

⑥ 增加训练难度，可尝试 Stabilize 自稳模式下重复上述内容。

⑦ 水平"8"字训练，适用 RealFlight 模拟器，不推荐凤凰模拟器。

水平"8"字考验飞手的全方位反应能力，四面悬停和自旋360°训练得越好，"8"字飞起来也就更加轻松，需要长时间去练习。

四、训练考核标准

（1）依据表 2.3.1 验收标准，进行自我检查。

（2）按照模拟飞行训练项目及过程记录表，评分小组检查并初评。

（3）初评合格后，按表 2.3.1 所列模拟飞行训练验收标准进行验收并评分。

表 2.3.1 多旋翼无人机模拟飞行验收标准及评分表

验收项目	评价内容	验收标准	配分	评分
全通道模拟训练，水平"8"字	机头跟随航线绕圈训练	在 8 字飞行中应保持高度、匀速飞行，飞行轨迹为圆弧航线（不能为直角航线），动作不达标，重置 1 次扣 2~4 分	40	
	匀速水平"8"字逆时针/顺时针		60	

五、思考题

（1）绕圈的训练对水平"8"字训练起到什么样的帮助？

（2）针对质量大于 7 kg 的飞机，由于其惯性大，如何操控才能保持匀速？

（3）CAAC 考证标准是什么？

任务 4　多旋翼训练——航拍运镜

高质量的航拍镜头，在电影电视中是最常见的镜头之一。相机位在水平面及空间所作的各种位置、角度的变化，被称为镜头的运动（也称运镜）。根据相机镜头运动的路线、速度和方式的不同，镜头的运动又可以分为不同的种类，利用"推、拉、摇、移、跟、甩"等运镜方法来传达想要的镜头语言和景别，让画面呈现最佳效果。

一、训练任务描述

1. 动作说明

本节训练无人机航拍常用的 9 种基础运镜手法，帮飞手充分发挥运动镜头在画面表现上的优势。训练主要包含以下几种动作：

（1）推拉镜头（Dolly In/Out）：无人机沿着直线轨迹向前或向后移动拍摄，以目标为构图中心，突出主体和细节，展示环境和场景，突现前进式与后退式蒙太奇句子的效果。拉镜头，由近处向远高处飞行；推镜头，由远处向近低处飞行。要注意飞行过程中云台相机的朝向。

（2）远角平移（Truck Left/Right）：无人机保持高度不变，左右水平移动拍摄。以目标为构图的中心，在较远处平行飞行拍摄，常用于展示宽阔的场景或跟踪移动的物体，尤其针对标志性建筑等较突出大气目标。

（3）升降镜头（Pedestal Up/Down）：无人机垂直向上或向下移动拍摄，适合用于展现高度差异或者从不同高度观察主体。

（4）环绕镜头（Orbit/Circle）：无人机以目标为中心，沿圆周轨迹环绕拍摄，能从不同角度展示主体，增加画面的动态感。多对立柱目标使用，如旗帜、风车、灯塔等。

（5）摇镜头（Tilt Up/Down）：无人机保持位置不动，摄像头上下俯仰拍摄，用于展示主体的高度或上下空间。

（6）横摇镜头（Pan Left/Right）：无人机保持位置不动，摄像头水平左右转动拍摄，适合用于宽幅场景的展示。

（7）斜飞镜头（Diagonal Fly）：无人机沿对角线轨迹飞行，结合了水平和垂直移动，能创造出丰富的视觉效果。

（8）斜拉镜头（Diagonal Pull）：无人机以斜向角度拉远或靠近主体，能在突出主体的同时展现背景变化。

（9）混合运动（Combination Moves）：将多种基础运镜动作结合使用，如将推拉镜头与摇镜头结合，创造出复杂多变的镜头效果。

航拍运镜不仅考验飞手的无人机操控能力和摄影技巧，也是对其摄影技巧和艺术眼光的检验。通过熟练掌握各种运镜技巧，可以全面提升航拍画面的艺术表现力，从而创作出更具视觉冲击力和艺术感染力的作品。

2. 训练要求

（1）通过航拍技能模拟飞行训练，掌握包括光线与角度选择、构图、脚本管理等相关技巧，熟悉不同环境下的拍摄手法，使航拍作品更具美感和表现力。

（2）提高对无人机航拍的操控敏感度和反应速度。

（3）能依据模拟飞行训练检验标准，规范填写训练记录表。

二、RealFlight 模拟器训练机型及场景

此任务以 RealFlight 模拟器训练为主。若需更为逼真的训练环境，推荐使用模块 5 大疆飞行模拟，配合大疆遥控器练习航拍运镜，也可以结合手机端的模拟飞行 App（如 SimuFlight 等软件）练习。

RealFlight 模拟器航拍训练的场地选择方面，寺庙、宫殿、城堡、足球场和飞机墓场（Japanese Temple、Palace、Castle HD、Soccer Field HD 和 Boneyard）皆可，如图 2.4.1、2.4.2、2.4.3、2.4.4、2.4.5 所示，参考配置"机场 + 摄像机位置"（注意，城堡场景在飞手的身后）。

RealFlight 模拟器的参数配置方面，建议太阳倾角选择"90°"，散热方式选"动态"，速度参数"100"，飞行模式选"Altitude Hold 定高"或"Loiter 悬停"，机型选择"Octocopter 1000"和"Hexacopter 780"。

图 2.4.1　寺庙

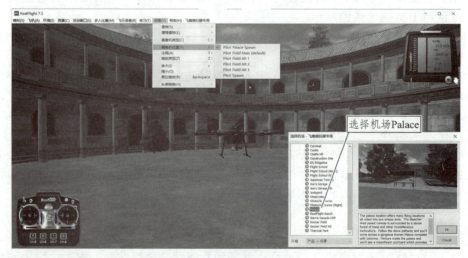

图 2.4.2　宫殿

图 2.4.3　城堡

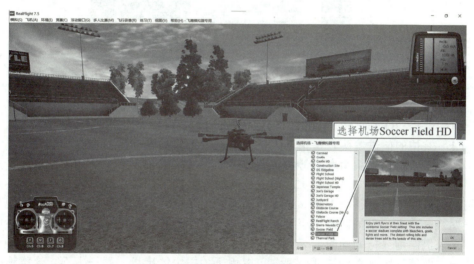

图 2.4.4　足球场

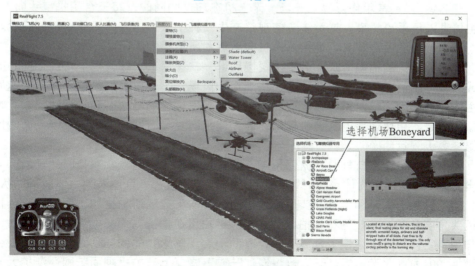

图 2.4.5　飞机墓场

三、训练安排（训练的步骤、技巧）

模拟飞行前的准备工作，同任务 3。

全部训练需要搭配云台控制相机，设置 6 通道云台控制，借助遥控器旋钮或后背拨杆实施航拍运境，同时，需要选择"视图"中的"摄像机类型 Gimbal"。如图 2.4.6 所示。可以借助足球场和飞机墓场画面中（电线杆）地面线条，辅助进行飞行航线的定位。小窍门：可在电脑屏幕前贴一张透明膜，绘制九宫格和对角线，辅助运镜。

扫码观看 RealFlight
模拟器航拍训练

图 2.4.6　摄像机类型

1. 前进后退、水平横移和升降（即渐远渐近）运镜训练

机型选择"Octocopter 1000"，训练场地选择"寺庙"，如图 2.4.1 所示。

（1）航拍的前进镜头，是指无人机向前运动拍摄的画面。

从云台相机的镜头角度来分类，有以下四种常见的拍摄方式，扣拍前进、平拍前进、前进的同时云台向上摇镜头、前进的同时云台向下摇镜头。无人机云台镜头向下扣拍，场景中的元素逐次入画，这类镜头通常用于交代环境，逐次展开的画面使观众变得期待。通常，平拍前进用于没有主体的场景，与扣拍前进一样，用于交代环境关系。无人机向前飞行的同时，云台相机镜头向上摇起，逐渐露出拍摄主体。这种运镜方式一方面能够给观众营造期待感，可以用于拍摄主体出场；另一方面，这类镜头具有"开启感"，还常用作影片的开场。无人机在前进的同时，将云台相机镜头向下摇，让主体进入场景或故事，这类镜头使观众产生一种坠入拍摄主体所处环境的感觉。

（2）航拍的后退镜头，是指无人机向后运动所拍摄的画面。

有两种常见的拍摄方式，分别是缓慢后退、快速后退。缓慢后退常用于影片的结束或转场，画面中的主体逐渐远离，将观众带离场景，预示着剧情的结束。快速后退以主体的局部为起幅，再缓缓呈现出主体的全貌，这样的画面有利于调动观众对整体形象的想象。用快速后退的镜头揭示环境，使画面更具有冲击力，这类镜头通常用于拍摄各类极限运动。

（3）水平运镜在打杆时且俯仰角度不变，适合拍摄有前景物遮挡时的场景，可以引出主体。若是用于物体跟随时，不仅可以体现出速度感，且能表现主体的运动状态。

（4）航拍的上升和下降镜头是无人机向上、向下运动所拍摄的画面，以云台相机的镜头角度分类，有扣拍和平拍两种方式。平拍用在拍摄高大的建筑物或高山时，镜头与拍摄主体平行，缓慢上升或下降，有助于展现高大物体的局部细节。扣拍云台相机镜头 90°垂直向下拍摄，无人机缓慢上升或下降。上升拍摄画面范围逐渐扩大，由局部逐步扩展到整体，更具有层次感，揭示了场面的整体环境。下降拍摄画面由大环

境逐步缩小到拍摄主体，能够引导观众的视线聚焦在拍摄主体上。

2. 前进爬升和俯冲、退飞升高、甩尾训练

机型选择"Octocopter 1000"，训练场地选择"宫殿"，如图 2.4.2 所示。

飞机进行水平爬升，并且镜头向下压，这是一种 3D 俯视的拍摄手法。这种运动方法非常适合拍摄一些屋顶或有棱角的高山。以美国手为例，右手推俯仰，同时左手上推油门，便可达到爬升和俯冲的效果。

退飞升高是一种人在画面中间，飞机渐远的运镜方式。以美国手为例，遥控器左摇杆推油门，同时右摇杆下拉俯仰，即可实现退飞升高的效果。即可实现退飞升高的效果。

以目标物为朝向点，用前进俯冲搭配退飞升高，就构成了甩尾动作。常见于目标物的近景与远景的切换，采用"一镜到底"的运镜表达方式。

3. 环绕训练

机型选择"Octocopter 1000"，训练场地选择"城堡"，如图 2.4.3 所示。

环绕运镜是一种常见的拍摄手法，也称为环绕拍摄或者圆周运动。通过将相机围绕主体进行拍摄，以产生动态和视觉吸引力，并增强故事的视觉叙述。例如，360°环绕常用于展示主体的全方位视角，展现人物或物体的细节和立体感。

环绕运镜的一些具体表现包括：360°环绕、环绕接近、环绕远离、半圈环绕、螺旋环绕、变速环绕、多点环绕等等。这些手法既可以单独使用，也可以结合起来使用，以实现更复杂和丰富的视觉效果。

（1）360°环绕。

左右环绕属于进阶运镜，以美国手逆时针向左环绕为例，右手向右拨动摇杆，无人机向右侧侧飞的同时，左手向左拨动摇杆，使无人机向左进行旋转，即两摇杆同时向外打杆。

（2）环绕接近远离训练。

环绕接近和远离属于进阶运镜，在环绕刷锅动作的基础上，附加操作俯仰舵。

（3）环绕上升下降（即螺旋升降）训练。

环绕上升和下降属于进阶运镜，在环绕刷锅的基础上，附加操作油门升降。

4. 小提示

（1）在拍摄前制订详细的飞行计划，包括拍摄角度、镜头移动路线和拍摄时长。

（2）飞行过程尽量采用缓慢而平滑的移动来增加画面的流畅感，例如缓慢地前进、后退、侧移。

（3）航拍构图要尽量简洁，避免出现杂乱无章的画面，可尝试从不同的高度和角度拍摄。

（4）镜头语言的表达。预先编写拍摄脚本，流畅表达故事情节。

四、训练考核标准

（1）依据表 2.4.1 验收标准，进行自我检查。

（2）按照模拟飞行训练项目及过程记录表，评分小组检查并初评。

（3）初评合格后，按表 2.4.1 所列模拟飞行训练验收标准进行验收并评分。

表 2.4.1　多旋翼无人机模拟飞行验收标准及评分表

验收项目	评价内容	验收标准	配分	评分
无人机航拍运镜训练（拉升、俯冲、环绕、冲天等）	直线推拉或升降镜头	通过辅助九宫格和对角线，观察被拍摄画面的路线是否始终吻合；观察飞机匀速运动的画面效果	20	
	前进爬升和俯冲	通过辅助九宫格和对角线，观察被拍摄主体是否始终位于镜头中心区域；观察飞机匀速运动中的主体画面是否丝滑过渡	20	
	刷锅环绕	通过辅助对角线，观察被拍摄主体是否始终位于为中心环绕点的区域；观察飞机匀速运动的画面效果	20	
	环绕接近或环绕远离	通过辅助对角线，观察被拍摄主体是否始终位于为中心环绕点的区域；飞机是否匀速运动并且画面是否丝滑过渡	20	
	环绕上升或环绕下降	通过辅助对角线，观察被拍摄主体是否始终位于为中心环绕点的区域；飞机是否匀速运动并且画面是否丝滑过渡	20	

五、思考题

（1）简述"推、拉、摇、移、跟、甩"运镜手法。
（2）运用镜头语言，简述常用的前进后退、水平横移和升降运镜画面脚本设计。
（3）以寺庙或者城堡场景为例，简述环绕运镜过程中的脚本设计与注意事项。

任务 5　多旋翼训练——FPV 穿越机

FPV 模拟训练是初学者提升飞行技巧和熟悉操作的重要途径。此任务推荐五款专用的模拟器，DRL Simulator、TRYP FPV、Uncrashed、Liftoff、DCL，其中无人机竞速联盟（英文缩写 DRL）是一款经典 FPV 模拟训练软件。下面结合新手入门讲解穿越机的训练步骤、技能及要求，鉴于模拟飞行软件与技能的多样性、特殊性、娱乐性，本任务不设置训练考核标准。

Steam 商店于 2017.06.16 发布，目前最新版本 DRL SIM 4.1 于 2023.05.19 发布。

一、训练任务描述

1. 动作说明

穿越机的训练内容如下。

扫码观看 Liftoff　　扫码观看 DRL　　扫码观看 TRYP
模拟器使用　　　　模拟器使用　　　模拟器使用

（1）路径飞行：穿越障碍物拱门、方框门、圆柱通道，包含直线与曲线路径飞行。
（2）环绕飞行：环绕标志物飞行，譬如刀旗等。
（3）特技动作：包含横向 360°翻滚、纵向 360°筋斗、快速转弯。
（4）竞速飞行：在规定时间内完成赛道飞行，提高速度和效率。

通过科学合理的训练科目和系统性的练习方法，飞行员可以在安全的环境中不断提升自己的 FPV 穿越机飞行技能，为实际飞行打下坚实的基础。

2. 训练要求

（1）能够根据需求选择不同训练软件、制订完善的训练方案。
（2）能够在不同地点、不同方向和角度快速调整无人机至正确的位置与路径。
（3）提高对无人机的快速操控敏感度和精确性，形成良好肌肉记忆。

二、DRL Simulator 安装与初始飞行设置

1. DRL Simulator 安装

（1）先安装网游加速器和 Steam 商店。

网游加速器是一款网络加速软件，它通过优化网络环境和提高网络速度来帮助国内用户解决网络延迟、卡顿、掉线等问题，其种类繁多（推荐网易旗下的 UU 加速器）。Steam 作为一个数字发行平台，主要用于电子软件的购买、下载和更新。软件开发者将他们的产品上传至 Steam 并通过该平台进行出售，玩家可以在线购买和下载，而不必购买实体光盘或前往实体商店。

图 2.5.1　UU 加速器与 Steam 客户端下载安装

访问官网并下载安装 UU 加速器与 Steam 客户端软件，如图 2.5.1 所示（小提示：启动 UU 加速器后，点击 Steam 商店，获得加速后，才能稳定访问 Steam 客户端）。

（2）注册 Steam 账号，如图 2.5.2 所示。

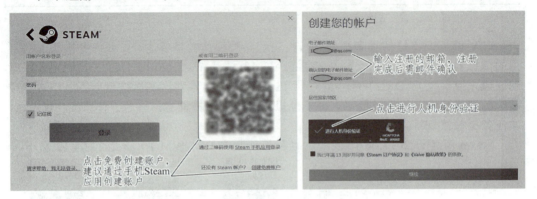

图 2.5.2　注册 Steam 账号

（3）进入 Steam 商店，搜索 DRL Simulator 软件后购买并安装，如图 2.5.3 所示。软件大小为 4 GB，安装空间占 8.8 GB。

图 2.5.3　DRL Simulator 软件

推荐电脑配置 64 位处理器和操作系统，参数如下：

① 操作系统：Windows 10 x64 及以上版本。

② 处理器:Intel Core i5-7300U 及以上。

③ 显卡：Nvidia GTX 1060 及以上型号。

④ 网络：宽带互联网连接。

⑤ 存储空间：至少需要 20 GB 可用空间。

2. DRL Simulator 初始飞行设置

插上加密狗（开关 G4 ~ G7 位置），连接遥控器，点击桌面快捷方式图标，开始游戏，如图 2.5.4 所示。

图 2.5.4　DRL Simulator 开始游戏

进入初始飞行选择界面，点击页面下控制器图标，如图 2.5.5 所示。

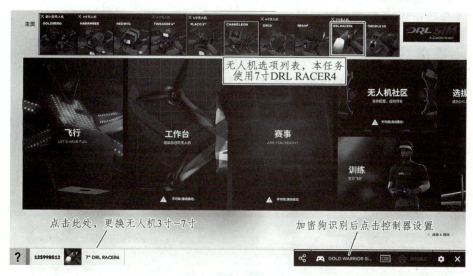

图 2.5.5　初始飞行选择界面

进入控制器设置界面，点击"灵敏度"后选择"中"，如图 2.5.6 所示。

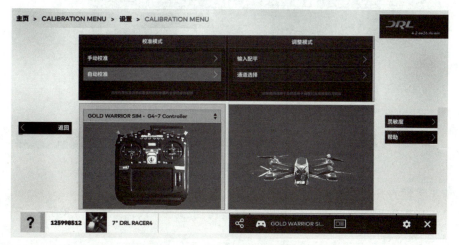

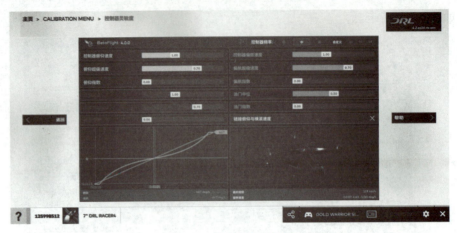

图 2.5.6　控制器初始设置

进入控制器设置界面，选择"手动校准"，全部遥杆置于中位，点击"校准模式"：

第 1 步中位识别 5 s。

第 2 步通道检测 5 s，根据图示转动全部遥杆最大最小位置，如图 2.5.7 所示。

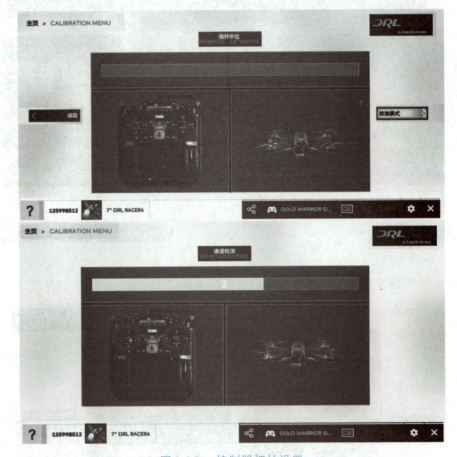

图 2.5.7　控制器初始设置

第 3 步重置开始比赛开关，自定义遥控器两档通道开关。

第 4 步重置无人机开关，自定义遥控器两档通道开关，如图 2.5.8 所示。

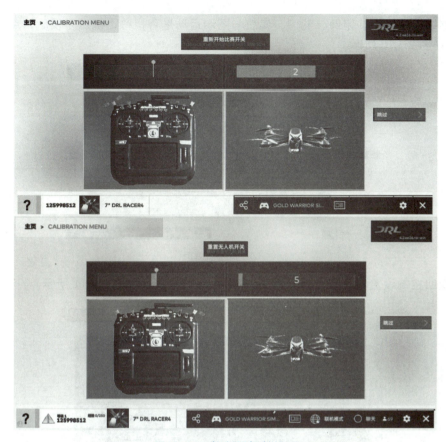

图 2.5.8　控制器初始设置

第 5 步为通道选择，拨动遥杆选择对应通道文字，横滚、俯仰、油门、偏航（忽略通道编号），注意打杆方向是否与图示对应，若相反请勾选"反向"。

最后，检查重置与重新开始的开关是否正常，确认无误后点击"下一步"，如图 2.5.9所示。

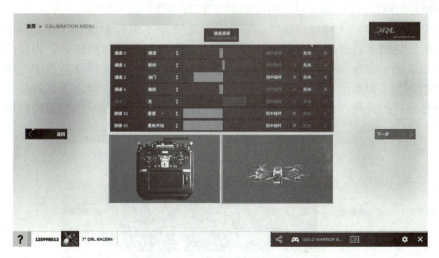

图 2.5.9　控制器初始设置

继续检查横滚、俯仰、油门、偏航与图示运动是否相符，确认无误后，点击"保存"，如图 2.5.10 所示。

图 2.5.10　控制器初始设置

返回控制设置界面，点击"返回"，进入飞行选择，如图 2.5.11 所示。

图 2.5.11　初始飞行选择界面

初学者首次飞行时建议选择"训练"场景。训练包括两种模式，分别为新手培训"ONBOARDING"和任务飞行"MISSIONS"。如图 2.5.12、2.5.13 所示。

每个场景均包含三种飞行模式：新手模式、进阶（中级）模式、专业模式。其中新手模式是指稳定器开启、高度保持器开启、角度限制器开启的状态，相当于真机飞行中的"自稳＋定高"模式；进阶模式是指稳定器关闭、高度保持器关闭、角度限制器开启的状态，相当于真机飞行中限制翻转角度的手动模式；专业模式是指稳定器关闭、高度保持器关闭、角度限制器关闭的状态，相当于真机飞行中的手动模式。

图 2.5.12　ONBOARDING 训练模式

图 2.5.13　MISSIONS 训练模式

3. DRL Simulator 物理学参数

在初始飞行选择界面选择物理学，然后创建和测试自定义无人机参数。按"ESC"键，退到参数设置选择界面，如图 2.5.14 所示。摄像头俯仰默认 30°，可以更改为 25°。

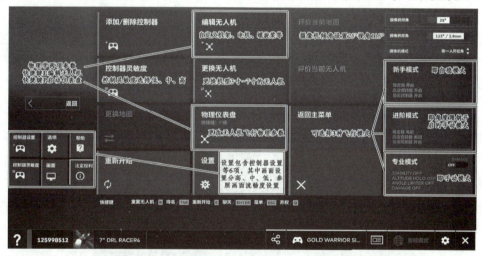

图 2.5.14　参数设置选择界面

利用快捷键"E"，可以进入编辑无人机界面，如图 2.5.15 所示。

图 2.5.15　编辑无人机

通过快捷键"P"，可以进入飞行物理参数修改界面，如图 2.5.16 所示。

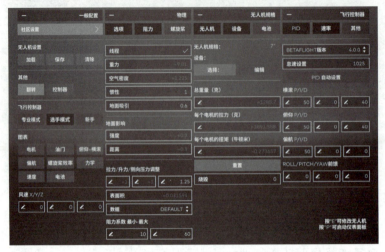

图 2.5.16　飞行物理参数

三、新手模式基础训练

1. 第三视角基础训练

该训练包含 14 个任务，可根据步骤依次进行，如图 2.5.17 所示。

图 2.5.17　第三视角基础训练

2. 第一视角基础训练

该训练包含 20 个任务，可根据步骤依次进行，如图 2.5.18 所示。

图 2.5.18　第一视角基础训练

四、进阶 + 专业模式训练

完成自稳模式的基础训练后，可进入手动模式进行飞行训练，如图 2.5.19 所示。

图 2.5.19　第一视角进阶 + 专业训练

五、自由飞行训练

当完全掌握飞行技巧后，返回初始飞行选择界面，选择 DRL 模拟器给定的场景，包括单人竞赛、SEARCH&DESTROY（搜索歼灭）、花式飞行、CIRCUITS（环形赛），来参与不同的任务飞行。完成各项挑战任务，有足够模拟飞行训练时长，且形成肌肉记忆后，基本上可满足外场真机飞行的初始技能要求，外场真机飞行不同于模拟，务必遵循飞行安全事项及流程。

六、思考题

（1）FPV 穿越机训练技能应用有哪些前景？

（2）FPV 穿越机与普通多旋翼无人机有哪些区别？

（3）FPV 模拟训练内容的侧重点是什么？请结合市场应用简单罗列。

模块 3　固定翼飞行模拟

在实施固定翼模拟飞行训练过程中，学员需进行遥控器通道配置与校准、模型选择、场地选择、训练模式选择、环境参数设置等等。训练过程循序渐进，先实施固定翼起飞与降落，而后训练五边航线、水平"8"字，从而与达到 CAAC 考核的要求。最后训练固定翼 3D 吊机，为固定翼 3D 特技飞行打下基础。

知识目标

1. 了解固定翼飞机的特点、分类、应用领域等信息。
2. 掌握固定翼的基本组成、各部分的功能。
3. 结合固定翼无人机实物，理解固定翼的飞行原理。
4. 熟悉 CAAC 固定翼实操考试的科目与技能。
5. 理解固定翼的相关专业术语。

技能目标

1. 熟悉遥控器每个控制杆的功能，如油门、方向、横滚和俯仰。
2. 能够熟练进行固定翼模拟飞行中遥控器校准、机型选择、场地选择、训练模式选择、环境参数设置等。
3. 能够完成固定翼无人机起飞、降落、转向和矩形航线等基本动作的操控。
4. 初步掌握固定翼的水平"8"字、吊机等模拟飞行的技能。
5. 能按生产现场管理 6S 标准，清除现场垃圾并整理现场。

任务 1　固定翼的基本组成、专业术语以及飞行技能

固定翼操控模拟飞行是前期重要的飞行训练阶段，结合实际运用需求，该模块训练项目主要以固定翼 CAAC 考证（水平"8"字、五边航线、第三边模拟熄火降落）、固定翼 3D 花式飞行吊机等技能的训练为主。通过持续的练习和实践，能切实提高训练人员的飞行技能和反应能力，掌握多旋翼无人机操控的基础技能。

知识点 1　认知固定翼无人机

1. 固定翼无人机特点及应用领域

固定翼具有续航时间长、能高空飞行的特点，目前已被广泛应用在测绘、地质、石油、农林等行业。相信在未来，固定翼无人机具有更广阔的市场应用前景，会得到更普遍的应用。请查阅相关资料并回答下列问题：

（1）固定翼无人机与垂直起降固定翼无人机有什么区别？

（2）固定翼无人机与多旋翼无人机相比其优缺点分别是什么？

（3）请简述固定翼无人机的应用领域。

2. 固定翼飞机的基本组成

固定翼飞机是指由动力装置产生推力或拉力，由机体上固定的机翼产生升力，在大气层内飞行的重于空气的无人航空器，如图 3.1.1 所示。常规布局的固定翼飞行器基本组成为机身、机翼、水平尾翼、垂直尾翼、动力系统、起落架。机翼主要负责提供维持飞行器飞行的升力。各组成如下：

（1）机身作为飞行器的载体，既连接各个部件及翼面，也承担着装载各部分载荷的功能。譬如，装载必要的飞机控制件、燃料、电子设备等需载物品。

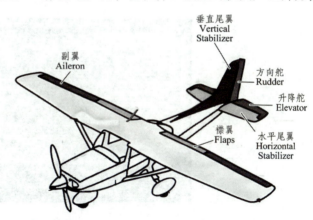

图 3.1.1　固定翼飞机的基本组成

（2）机翼主要负责提供维持飞行器飞行的升力，并能保持模型横侧安定性。机翼上可以操纵发生偏转的部分叫作舵面，操纵飞机发生滚转的舵面叫作副翼（Aileron），部分飞机可能有额外的用于增升的后缘襟翼或前缘缝翼，用于减速增阻的扰流板（Spoiler）。

（3）水平尾翼（平尾、水平安定面）和垂直尾翼（垂尾、垂直安定面）分别负责控制飞行的俯仰稳定性、航向稳定性。平尾上的操纵舵面称为升降舵（Elevator），负责

控制飞行器的俯仰；垂尾上的操纵舵面称为方向舵（Rudder），负责控制飞行器的偏航。

（4）动力系统主要给飞行器提供飞行动力。对于无人机的动力系统，主要由电机或油机驱动螺旋桨旋转提供拉力，必要时在电机或油机与螺旋桨之间通过齿轮组进行转速、效率转换。动力系统又可分为电动、油动、喷气三种，其中电动模型飞机动力系统主要由电机、电调、电池、螺旋桨组成。

（5）起落架供起飞降落用。起落架就其安装位置来说分为前三点式和后三点式。

3. 固定翼飞机副翼与襟翼的功能

（1）副翼的功能。

副翼是指安装在机翼翼梢后缘外侧的一小块可动的翼面。为飞机的主操作舵面，飞行员操纵左右副翼差动偏转所产生的滚转力矩可以使飞机做横滚机动。

（2）襟翼的功能。

固定翼上的襟翼是指机翼左右靠近根部的可控动作面。正常飞行时襟翼延续机翼上弦，与机翼无夹角；动作时，襟翼向下与机翼呈负夹角。

固定翼上的襟翼作用是提高升力或增加阻力，可以缩短飞机起飞和降落的距离。

高档的遥控器上都会有专门的襟翼设置菜单，里面通常允许操作人员设置三个襟翼位置：无襟翼（无夹角）、半襟翼（用于起飞）、全襟翼（降落）。具体半襟翼全襟翼打开角度数值，根据飞机型号而定，军用战机设置半机翼 20°～25°，全襟翼为40°～45°。

小型固定翼无人机襟翼设置，如图 3.1.2 所示，遥控器 Spektrum DX9 的襟翼设置菜单（图中襟翼与升降舵混控），由三档开关 SWD 控制，分别为-80%、0、100%，用于起飞、平飞、降落辅助，打开襟翼的速度设置为 2 s。

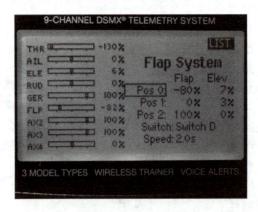

图 3.1.2　襟翼设置

知识点 2　固定翼的飞行原理

固定翼飞机是靠机翼产生的升力实现飞行的无人飞行器。固定翼飞机的升力示意图如图 3.1.3 所示。

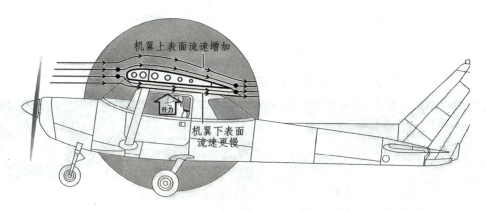

图 3.1.3　固定翼飞机的升力

1. 升力产生

固定翼飞机的翼面通过空气动力学原理产生升力。固定翼无人机的机翼设计与常规飞机类似，都采用的是半翼剖面，空气以一定速度流过机翼，根据伯努利原理，机翼上表面流速大于下表面流速，因此，会导致机翼上表面的压力降低，下表面的压力升高，从而产生向上的升力。

2. 推动力产生

固定翼飞机通常使用螺旋桨或发动机来提供推进力。通过引擎的动力，螺旋桨或发动机产生的推力将飞机向前推进。推进力的大小取决于发动机的功率、螺旋桨的设计以及飞机的设计和重量。

3. 稳定性

固定翼无人机需要将重心保持在机翼的中心线上，以保持稳定地飞行；通过合理设计机身和舵面，可以使得飞机在操纵时保持平衡。同时也可以通过变更重心位置来调整飞机的稳定性和敏感度。此外，飞机的重量要与所产生的升力相平衡，以保持飞机平稳飞行，实现重心和重量平衡。

4. 操纵性

固定翼飞机通过控制升降舵、方向舵和副翼来实现操纵。升降舵的操作可以改变机翼的攻角，从而控制飞机的升降。方向舵的操作可以改变飞机的航向姿态，实现飞机的转向。副翼的操作可以改变可控制飞机的横滚。

（1）副翼：通常副翼由一个舵机控制，当左边副翼向下倾，右边向上倾的时候，飞机左翼受向上的力，右翼受向下的力，所以飞机向右倾斜或者翻滚。反之亦然。

（2）升降舵：当升降舵向上倾，飞机尾部受向下的力，使机头上仰。反之亦然。

（3）方向舵：与升降舵类似，当方向舵左摆，机尾受向右的力，机头左转。反之亦然。

注意，舵面所起的作用也与飞机的速度和油门（螺旋桨的转速）有关，因为相对机身的气流越快，舵面受的力越大。这些舵面可以通过电动或液压系统进行控制，以响应无人机上的飞行控制系统（如惯性导航系统、GPS 等）的指令。通过对舵面的控制，飞机可以改变姿态、高度和航向。

综上所述，固定翼飞机的结构主要包括机身、机翼、尾翼、着陆装置和动力装置等。而固定翼飞机的飞行原理主要涉及升力产生、驱动力产生、操纵性和稳定性等方面。通过合理设计和操纵，固定翼飞机能够实现稳定、高效的飞行，实现各项任务，且拥有较长的续航时间和较大的载荷能力。

知识点 3　固定翼专业术语与名词

固定翼专业术语与名词如图 3.1.4 所示。

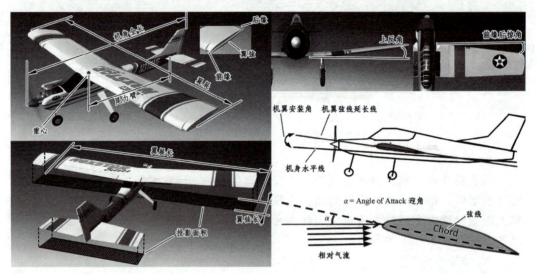

图 3.1.4　固定翼专业术语与名词

1. 相关专业名词

（1）翼展——机翼（尾翼）左右翼尖端的直线距离（穿过机身部分也算在内）。

（2）机身全长——飞机前端到末端的直线距离。

（3）重心——模型各部分重力的合力作用点。

（4）尾力臂——由重心到尾翼前缘四分之一弦长处的距离。

（5）翼型——机翼（尾翼）的剖面形状。

（6）前缘——翼型的最前端。

（7）后缘——翼型的最后端。

（8）弦长——连接翼型的前缘和后缘两个端点的直线长度。

（9）展弦比——翼展与翼弦长度（平均气动弦长）的比值，比值越大翼尖诱导阻力越小，展弦比大说明机翼狭长。

（10）梢根比——指梯形机翼翼梢弦长与翼根弦长的比值。

（11）上反角——机翼前缘与飞机横轴之间的夹角。

（12）前缘后掠角——机翼前缘与垂直于机身中心线的直线之间的夹角。

（13）焦点：翼剖面上所受的分布压力是一个平面力系。按照力学原理，一个平面力系可以就某个指定点合并成一个力和一个力矩。这个力和力矩一般地是随迎角而发生变化的。但翼剖面的理论证明，可以在翼弦上找到一个特殊的作用点，对该点而言，尽管力是变化的，翼剖面的力矩系数不随迎角而变。这一个特殊的点称为"焦点"，也称为"空气动力中心"，简称为"气动中心"。重心必须在飞机焦点之前，受到扰动时，确保飞机具有纵向静稳定性。

（14）机翼安装角——机翼翼弦与机身度量用的基准线的夹角。

（15）机翼迎角——翼弦与机翼迎面气流之间的夹角

（16）翼面积（总升力面积）——即计算机翼总升力的机翼面积，是指模型平飞状态时的机翼（含尾翼）有效投影面积之和，一般不包括机身。

（17）翼载荷——单位升力面积所承受的飞行重量，即飞机重量与机翼面积的比值。

（18）安定面——固定翼飞机的安定面是指用于在飞行中保持飞机稳定的翼面，主要包括水平安定面和垂直安定面。水平安定面位于飞机尾部的水平翼面，主要作用是稳定飞机的俯仰运动，防止飞机在上下运动时失去平衡。垂直安定面通常是飞机尾部竖立的垂直翼面，用来稳定飞机的偏航运动，防止飞机在左右转向时失去平衡。

知识点4　飞行技能及任务需求

1. CAAC 固定翼实操考试

固定翼超视距驾驶员与教员考证包含4个科目，分别为①起飞；②在第3边模拟发动机失效，模拟接地高度小于5 m；③定区域降落；④水平"8"字，左右两圆直径50 m。视距内驾驶员与超视距驾驶员的飞行模式都是姿态模式（即飞控内回路参与控制），固定翼教员实践考试仅可使用手动模式，如图3.1.5所示。

对应固定翼的实操科目如下：

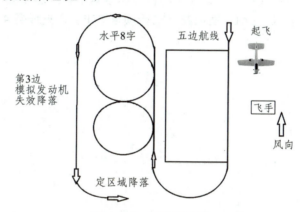

图 3.1.5　固定翼考核

（1）科目一，开始就是起降训练。一般是大油门，控制好方向，拉升降，使飞机以平稳柔和的姿势离地爬升。然后转弯、爬升、平飞、收油、转弯、下滑、转弯、继续下滑进场、拉平、平飘、接地、着陆滑行。五边航线也称为起降航线。

（2）科目二，飞机在第3边，油门收底，控制在怠速（模拟发动机失效，模拟接地高度小于5 m），根据当时机体状态和风向合理选择最佳5边（逆风）进场航线，便于返场降落。当飞机对正跑道且高度低于5 m之后保持高度进入低空通场航线，待飞机飞过身体中轴线后推满油门，拉升降舵，爬升，进行复飞程序。

（3）科目三，降落或者定区域回收。飞机逆风按跑道方向进入着陆航线，转弯柔和，半径相等。第5边转弯后，飞机下滑，逐渐拉平，平稳着陆，着陆后关闭发动机。伞降流程为收油，关机，开伞，回收。

（4）科目四，超视距驾驶员科目，水平"8"字。水平直线进入前1/4水平圆，接水平圆一周，之后进入后3/4圆，水平直线改出航线。要求：两个圆的直径相同，两个圆的结合部位通过身体中线，整个动作的高度不变。

注意：科目二发动机收油门至慢车，是模拟失效。当固定翼出现动力失效时，重要任务是确保飞机安全降落。此时需要及时推杆使飞机进入滑翔状态，控制好合理的下滑角保持正常空速防止飞机失速。保持大于平飞速度的速度建立下俯航线，是为了确保飞机在下降过程中依然能够保持足够的速度和稳定性，从而安全地飞回本场，进行迫降。详见任务 2、3 的相关内容。

2. 固定翼吊机

吊机是固定翼 3D 花式飞行的重要技能之一，3D 花式飞行通常是指那些高难度特技飞行，如滚转、翻转、倒飞等。这类飞机通常具备高机动性、强动力和优异的结构设计，以支持其在空中完成各种复杂的动作。

3D 花式飞行训练的基础科目主要包括：

（1）练习起飞和降落（本书重点）；

（2）练习航线圆周航线和"8"字航线（本书重点）；

（3）练习倒飞；

（4）练习倒飞 + 航线；

（5）练习四面吊机（即机背面、左侧面、右侧面、机正面，本书重点）；

（6）练习吊机 + 简单 3D 动作。

固定翼吊机飞行技能在固定翼飞机的普及和教育中扮演着重要的角色，有助于航模表演或参与国际航联（FAI）室内花式飞行项目 F3P。详见任务 4 的相关内容。

任务 2　固定翼训练——五边航线

五边航线是固定翼模拟操控训练中必备的基础科目，有助于提升固定翼直线飞行与转弯技能。包含起飞、指定区域降落，同时也可训练在第 3 边模拟发动机失效时一系列精确的飞行技巧和操作要求。

一、训练任务描述

1. 动作说明

固定翼五边航线是指一种基本的起降飞行路线，通俗来讲就是环绕机场飞行。整个的五边飞行包含了所有的基本飞行操作——滑跑、起飞、爬升、转弯、侧风\顺风\顶风平飞航线、下降、着陆等，练好五边航线便能开展实际飞行训练。

普通的五边航线如图 3.2.1 所示。分为一边（起飞爬升）、二边（侧风平飞）、三边（顺风）、四边（侧风下降）、五边（下降着陆），共有四次转弯，每个转弯的航向偏转约为 90°（静风下），投影为一个闭合的矩形。有部分飞机在二边时还要爬升，有的在三边时就要下降高度了，因此应根据自己机型的数据进行调整。

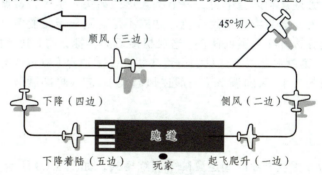

图 3.2.1　五边航线

2. 训练要求

（1）能正确配置遥控器、选择模型、选择场地、选择训练模式、设置环境参数。
（2）能够完成固定翼的起飞和指定区域的降落飞行。
（3）精确掌握五边航线的飞行技巧与操作要领。

二、RealFlight 模拟器训练机型及场景

针对 Phoenix RC 模拟器时，固定翼模型推荐"High-wing Trainer"和"E-Flite Apprentice 15e"。推荐使用"训练模式"菜单中的"降落训练"，可预先设置降落的高度与距离。Phoenix RC 没有机场编辑功能，固定翼飞五边航线，推荐选择有边界标志的场地，如"Moscow RC-Club（Planes）"场地，参考 RealFlight 五边航线来自定义航线转弯点。

下面重点讲解 RealFlight 模拟器的机型及场景。

1. 起飞训练

RealFlight 7.5 提供专业的固定翼起飞训练模式，如图 3.2.2 所示。

图 3.2.2　固定翼起飞训练模式

可以设置风向、起飞方向和航线边界，辅助学员快速提升飞行技能。在飞行之前，有一个准备清单，如果检查表单中的项目设置在正确预设位，就绪指示灯"READY"将亮起。

当起飞时，会注意到天空中有许多箭头，这些箭头表示应该遵循的路径。如果飞行在正确的路径上，箭头将显示为红色，如果不是，则显示为蓝色。当设置边界后，会注意到两条蓝线边界在跑道的两侧，当飞机接近边界标记时，颜色将随警告而变化。

"训练模式"菜单包含以下选项：重置飞机、设定边界（默认为无边界，最小边界可以精确地练习起飞）、风向调节（一般逆风起飞）、起飞方向调节。可参考选项菜单依次训练。

2. 降落训练

RealFlight 7.5 提供专业的固定翼降落训练模式，如图 3.2.3 所示。

图 3.2.3　固定翼降落训练

模拟飞行过程中的降落，同样在飞行之前，有一个准备清单，如果检查表中的项目设置在正确预设位，就绪指示灯"READY"将亮起。

"训练模式"菜单也可以选择飞行方向、风向、航线边界和跑道长度。跑道长度由"路线"选项设定，"顺风"选项是完整路线，飞机预先飞行与跑道平行的顺风路线，然后进入"基础"路线；"基础"选项，设置飞机直接进入转弯基础路线，然后进入"最后的"路线；"最后的"选项，是训练最后一站，设置飞机直接进入着陆航线。可参考选项菜单依次训练。

3. 五边航线

固定翼飞五边航线：采用 RealFlight 7.5 系统预制的飞机和机场，选择"Beginner Airplane Training"，其机型为 NexSTAR；或者选择"Unlimited Class Aerobatics"，其机型为 PAU 36% Edge 540，如图 3.2.4、3.2.5 所示。

图 3.2.4　五边航线环境 1

图 3.2.5　五边航线环境 2

五边航线机场转弯点设置：在"环境"菜单点击"编辑机场"，添加 F3C 方框作为矩形航线参考（长度 250 m），航线四角添加警示桶作为飞机转弯参考标志物，如图 3.2.6 所示。保存时，另存为"原名＋pro"新场景名。详细参考模块 6 任务 2 的相关内容。

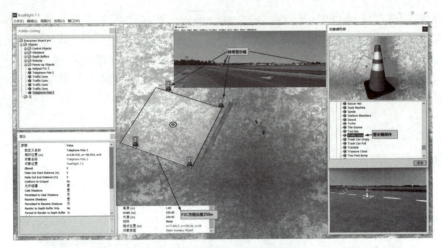

图 3.2.6　五边航线机场编辑

注意，飞机 NexSTAR 默认数值下的训练舵量偏小，为提升训练手感，更接近外场操控航模板机，（如苏 27 航模板机），前期模拟飞行训练需更改舵量参数，并且关闭方向舵控制，区别于常规固定翼教练机模拟训练。飞机参数的修改，点击"飞机"中"快速编辑"项，更改副翼与升降舵的偏转角度增大 3 倍，方向舵 Rudder 设置 0 deg，原始数值如图 3.2.7 所示，更改后数值如图 3.2.8 所示。

常规固定翼模拟训练，推荐选择飞机 PAU 36% Edge 540，其舵量偏转的默认数值为：方向舵 Rudder 50 deg、升降舵 Elevator 55 deg、副翼舵 Aileron 45 deg，默认数值训练可满足真机飞行手感。

图 3.2.7　快速编辑默认参数

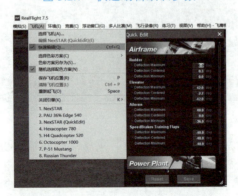

图 3.2.8　快速编辑修改后参数

三、训练安排（训练的步骤、技巧）

模拟飞行前的准备工作：

首先，观看五边航线的模拟操控教学视频，掌握通道打舵技巧。

其次，配置好遥控器的基础设置：正确配置各通道及开关，遥控器校准、模型选择、场地选择、训模式选择等。

1. 起飞与指定区域降落训练

扫码观看 Phoenix RC 模拟　扫码观看 RealFlight 模拟
器固定翼训练五边航线　器固定翼训练五边航线

（1）起飞。

操纵固定翼起飞，缓慢推油门并控制滑跑方向，逐渐增加拉力并缓慢、柔和地持续拉动升降杆。当无人机速度达到离地速度时便会离开地面，此时需要通过副翼配合使无人机进入平衡爬升状态。提升速度，柔和持续地拉动升降舵使飞机爬升至规定高度，但要控制爬升角度使其不要超过迎角 30°，并在不低于 5 m 高度改平飞。

（2）转弯。

左转弯时，打左副翼飞机开始向左滚转，同时逐渐拉升降杆。在飞机达到转弯所需坡度时快速将副翼杆回中，持续拉升降杆。右转弯方向相反。

（3）定区域降落。

在第 4 航线末，执行下滑降落。在第 4 航线进入平飞状态时逐渐减小油门，柔和地推升降舵，使无人机进入下滑平飞状态。打副翼并根据飞机当前速度执行转弯操作，将机头调整到正对跑道方向的同时将油门收至最小位置，再根据无人机距离地面的高度调整升降舵拉动的幅度，如图 3.2.9 所示。无人机触地后，可适当打方向舵防止无人机发生滚转的情况，直到无人机完全静止，飞机降落完成。

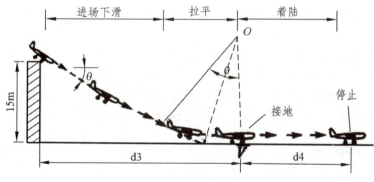

图 3.2.9　指定区域降落

小提示：

（1）在控制起飞时，要求舵量柔和，不得有过大动作。爬升迎角应小于 30°。

（2）无论真机或模拟器飞行，初期练习时，舵量尽量柔和与缓慢，不要出现过大动作，即便打错动作随即往反方向修正即可。

（3）转弯幅度标准，不宜幅度过大，以免导致飞机偏移第 4 航线。需注意固定翼锐角转弯，在于精确协调使用副翼、升降舵、方向舵以及油门控制，方向舵主要用于控制抵消飞机的偏航（侧滑），方向舵不能理解为控制转弯。在空中飞行时，方向舵用来使机身与飞行方向平行；在地面滑行时，方向舵用来使飞机转弯。

（4）把握升降舵舵量，平稳控制固定翼无人机水平接触地面。

（5）油门的控制将会影响飞机动作大小，飞得越慢打动作反应越慢，飞得越快打相同动作反应会变成越快，需注意油门大小与打动作舵量的关联性。

（6）当机头对准遥控者时，副翼、尾舵动作的方向是跟遥控器相反的。

在无人机的训练中，降落是比较难的科目，需要花大量的时间进行训练。

2. 五边航线训练

（1）第1边包含了滑跑、起飞、爬升和改平，起飞方向为顶风。正确的起飞方法训练请参阅本节任务1的起飞部分。

（2）在到达第1、2、3、4转弯操作时，通过副翼与升降舵配合执行转弯操作步骤。在有风的情况下，第2边、第4边为侧风，第3边为顺风，此时需注意提前修正侧风带来的影响，保证转弯角度大约为90°。

（3）在第4边下降飞行时，要通过油门和俯冲角度来保持好飞机速度。过低的速度会导致滑翔比较小，可能无法飞抵跑道，并且在需要减小下降率时，可能在4转弯时使飞机失速；而速度过快，则会导致飞行器在着陆时无法将速度降下来，从而着陆失败。

（4）第5边的前段与第4边基本相同，保持速度进行下降飞行。要注意飞机与跑道入口的距离，以当前的下降率和速度，预估飞机能否姿态正确进入跑道，需实时进行调整。训练请参阅本节任务1的定区域降落部分。

3. 小提示

（1）转弯、平飞过程中高度保持一致。

（2）转弯时舵量控制合适，不能出现固定翼急转弯，要保证转弯柔和、平稳。

（3）模拟飞行期间时刻以地面标志作为参照物，观察矩形航线是否存在偏差，如存在，要及时调整方向、角度。

（4）即将着陆并下降至大约视线的高度时，逐渐拉杆减小飞机的下降率，同时降低油门以减小飞机速度，此时要注意油门及拉升降杆的配合。

（5）维持直线航行或进行细微的航线调整，只要利用轻轻"点碰"副翼再放松回到回中状态的动作，避免过量操纵，即可达到非常精确的效果。

四、训练考核标准

（1）依据表3.2.1的验收标准，进行自我检查。

（2）按照模拟飞行训练项目及过程记录表，评分小组检查并初评。

（3）初评合格后，按表3.2.1所列模拟飞行训练验收标准进行验收并评分。

表 3.2.1　多旋翼无人机模拟飞行验收标准及评分表

验收项目	评价内容	验收标准	配分	评分
起飞与指定区域降落	起飞动作	在增加大或减小油门时要保证缓慢匀速，如出现突然增加或减小油门情况要适当扣分。查看无人机是否平滑起飞，如出现过大角度扣5分。无人机飞行时舵量应柔和，不应出现过大动作，出现一次扣5分，扣完为止	20	

验收项目	评价内容	验收标准	配分	评分
起飞与指定区域降落	指定区域降落	增加或减小油门的过程要保证缓慢匀速，如出现突然增加或减小油门情况，要适当扣分。查看无人机是否平滑降落，如出现过大角度扣5分，存在起落架的固定翼无人机，如出现触底弹跳扣5分。无人机飞行时舵量应柔和，不应出现过大动作，出现一次扣5分，扣完为止	30	
五边航线	直线飞行	无人机在进行矩形航线飞行过程中，要保证无人机飞行轨迹为直线，如出现大幅度偏移或错舵一次扣5分，扣完为止	50	
	转弯动作	无人机在进行矩形航线飞行过程中，转弯要保证柔和、平稳，出现大幅度偏移一次扣5分，扣完为止		
	飞行姿态与飞行高度	无人机飞行时舵量应柔和，不应出现过大动作，出现一次扣5分，扣完为止。在进行飞行过程中应保持高度一致，出现大幅度掉高或上升情况一次扣5分，扣完为止		
	第3边模拟发动机失效	模拟发动机失效，模拟接地高度小于5 m，超出规定高度，一次扣10分		

五、思考题

（1）简述降落训练过程中的操作要领。

（2）简述第3边模拟发动机失效的操控流程。

（3）不运用"机场编辑"添加警示桩地标，如何在默认场景保证矩形航线？

任务 3　固定翼训练——水平 "8" 字

CAAC 指定科目中的水平 "8" 字操作，主要涉及一系列精确的飞行技巧和操作要求，旨在测试飞行员对无人机飞行控制的熟练程度和飞行规划能力。这一科目的考核内容不仅包括飞行的基本技巧，还包括应对不同飞行环境（风向、风速）的能力。

一、训练任务描述

1. 动作说明

水平 "8" 字航线是一个由两个相邻的等半径圆周组成的轨迹，是固定翼无人机驾驶员执照的考试项目之一。水平 "8" 字左右两圆直径 50 m，如图 3.3.1 所示。水平直线进入 1/4 水平圆，接着水平圆—周，一周后进入后 3/4 圆，水平直线改出。动作要求：两个圆的直径相同，两个圆的结合部位通过身体中线，整个动作的高度不变。

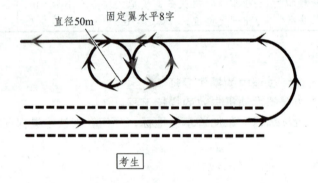

图 3.3.1　水平 "8" 字航线

2. 训练要求

（1）能正确配置遥控器、模型选择、场地选择、训练模式选择、环境参数设置。
（2）能掌握快速、慢速转弯与圆周运动的技巧和操作要领。
（3）精确掌握水平 "8" 字航线模拟飞行的技巧和操作要领。

二、RealFlight 模拟器训练机型及场景

此任务需添加飞行辅助航线，不推荐 Phoenix RC 模拟器。

在 RealFlight 模拟器场景中，编辑绕圈航线。首先，选择 RealFlight 7.5 系统预制的飞机和机场，同任务 2 五边航线，如图 3.2.4、3.2.5 所示。然后，对场景修改，在 "环境" 菜单栏，点击 "机场编辑" 菜单，添加 F3C 方框、辅助航线圆圈，如图 3.3.2 所示。最后，另存为 "原名＋pro" 新场景。详见项目 6 任务 2。

图 3.3.2　绕圈航线机场编辑

训练水平"8"航线时，也选用 RealFlight 7.5 系统预制的飞机和机场（同任务 2），其他环境参数默认，如图 3.2.4、3.2.5 所示。然后，场景修改时，在"环境"菜单栏点击"机场编辑"菜单，添加辅助"8"字航线圆周切点，增添 F3C 方框、蓝色航线圈和警示杆来作为飞行中位置和高度的参考标志。另存为"原名 + pro"新场景，如图 3.3.3 所示。详细内容见项目 6 任务 2。

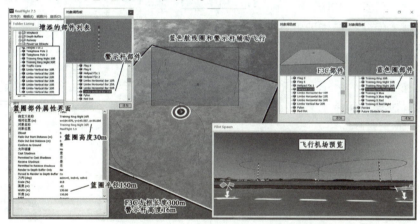

图 3.3.3　水平"8"字航线机场编辑

三、训练安排（训练的步骤、技巧）

模拟飞行前的准备工作，同本项目任务 2。

扫码观看 Phoenix　扫码观看 RealFlight
RC 模拟器固定翼　模拟器固定翼训练
训练水平"8"字　　水平"8"字

1. 慢速与快速转弯

转弯与圆周航线的训练是固定翼飞行的基本功，该子任务主要学习固定翼慢速、快速转弯方法。转弯步骤由平飞、坡度转弯、升降维持、机翼回中、平飞几个阶段组成，左右方向的转弯一样，飞手需将注意力集中在动作执行关键点的控制上。

开始转弯的正确方法是短暂地压一下副翼使机翼倾斜，然后让副翼操纵杆回中以避免进入螺旋，接下来再拉升降舵以使飞机开始转弯并保持转弯时的高度。

（1）操纵固定翼转弯的要点。

如图 3.3.4 所示。

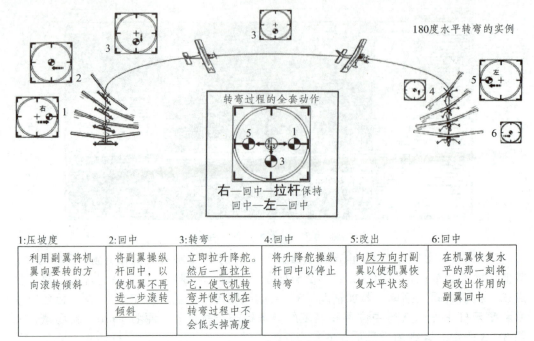

图 3.3.4　固定翼转弯要点

1:压坡度	2:回中	3:转弯	4:回中	5:改出	6:回中
利用副翼将机翼向要转的方向滚转倾斜	将副翼操纵杆回中，以使机翼不再进一步滚转倾斜	立即拉升降舵。然后一直拉住它，使飞机转弯并使飞机在转弯过程中不会低头掉高度	将升降舵操纵杆回中以停止转弯	向反方向打副翼以使机翼恢复水平状态	在机翼恢复水平的那一刻将起改出作用的副翼回中

　　利用副翼使飞机产生坡度，拉升降舵使飞机转弯。在转弯结束时，让升降舵回中，并使机翼恢复水平。

　　（2）操纵固定翼转弯的基本方法。

　　副翼操纵幅度的大小决定了转弯的急或缓，也决定了到底要拉多少升降舵才能使飞机在转弯过程中保持水平飞行。要主动的去控制飞机，而不要去被动的作反应。如图 3.3.5 所示。

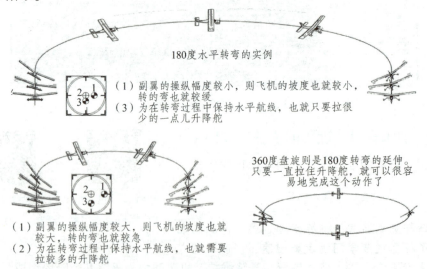

图 3.3.5　固定翼转弯基本方法

　　用开始转弯时副翼操纵幅度的"大小"，而不是压副翼的时间长短，来决定转弯的急缓。

　　（3）利用"回中"状态作为参照点。

　　如果每次都从回中状态开始，再在两次操纵动作之间回到回中状态，那么就可以形成一个"标志点"。利用这个"标志点"，就能够精确地计量出每次操纵幅度的大小——

这样，就能更容易地再现那些正确的操纵幅度，也就能更容易地修正那些不正确的操纵幅度。如图 3.3.6 所示。

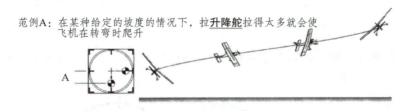

范例A：在某种给定的坡度的情况下，拉**升降舵**拉得太多就会使飞机在转弯时爬升

范例B：再次重复使用相同的**副翼**操纵幅度及坡度，只是这次把注意力集中在如何以回中状态为起始点，少拉一点儿**升降舵**上。这样，就完成了一个水平的转弯动作

范例C：如果前几个转弯比你想要的急，那么就以回中状态为起始点，减小**副翼**的操纵幅度。这样，下一个转弯马上就变得和缓了

图 3.3.6 "回中"状态作为参照点

利用回中状态作为飞手每个操纵动作的参考点。这样就能更好地计量每一次操纵幅度的大小。

（4）确保每次飞机转弯都能保持"一致"的基本方法。

不管左转弯还是右转弯，操纵的"模式"都是完全一样的。在每次转弯结束时，都要使用与压坡度时操纵幅度相同，但方向相反的副翼操纵进行改出。这样就能保证转弯的一致性。如图 3.3.7 所示。

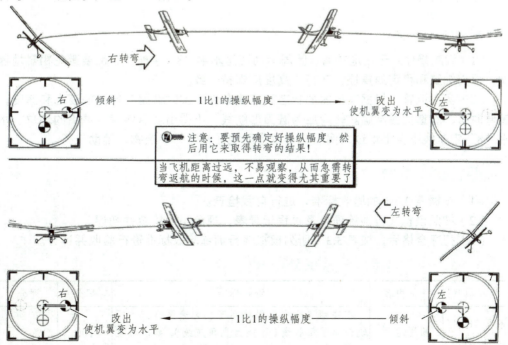

图 3.3.7 转弯保持"一致"的基本方法

不管是左转弯还是右转弯，只要操纵杆的操纵幅度大小是一样的，就能产生完全相同的结果。

2. 水平"8"字训练

在练习之前，需要在空中找到 7 个点位，水平"8"字训练第 1 点是两圆相切点。如图 3.3.8 所示。

图 3.3.8　固定翼无人机水平"8"字

（1）从 1 点柔和地向左打副翼转弯，同时方向舵协助机身沿航线，并通过油门和升降舵的配合，保证飞机的高度一致。

（2）在到达 2 点时（左侧机翼正对操控者）稍微回打副翼，根据航线半径的大小进行调整。

（3）继续执行与上步同向的转向操作，并保持高度一致，到达 3 点时固定翼机头正对操控者，到达 4 点后右侧机翼正对操控者。

（4）再次到达 1 点后，向另一边执行转向操作，依次 5 点、6 点、7 点，飞回 1 点，匀速水平"8"字训练即完成。

通过上述步骤和技巧的掌握，飞行员能更好地应对固定翼无人机考证科目中的水平"8"字操作。

3. 小提示

（1）细腻操作。无论是转弯、圆周运动还是水平"8"字航线，都要避免粗暴地操作，保持细腻和稳定的操控，飞行中高度应保持一致。

（2）实时调整。根据飞行器的状态和环境条件，实时调整飞行器的姿态和速度，转弯时机、舵量把握准确。转弯应为圆弧形航线，不得出现急转弯、掉高的现象。水平"8"字航线不得出现过大偏差，可以借助地面物体为参照物，辅助飞行。

四、训练考核标准

（1）依据表 3.3.1 的验收标准，进行自我检查。

（2）按照模拟飞行训练项目及过程记录表，评分小组检查并初评。

（3）初评合格后，按表 3.3.1 所列模拟飞行训练验收标准进行验收并评分。

表 3.3.1　多旋翼无人机模拟飞行验收标准及评分表

验收项目	评价内容	验收标准	配分	评分
水平"8"字训练	圆周运动	在绕圈飞行中应保持高度、匀速飞行，飞行轨迹为圆弧航线（不能为直角航线），如出现直角弯，每一次扣 10 分，扣完为止	100	

续表

验收项目	评价内容	验收标准	配分	评分
水平"8"字训练	航线形状	无人机在进行"8"字飞行过程中要保证无人机匀速经过每一个模拟点位，少经过一点或不符合"8"字飞行要求，扣10分，扣完为止	100	
	"8"字训练	在进行"8"字航线飞行过程中要保持高度、匀速飞行，保证无人机飞行轨迹为圆弧形（不能为直角航线），如出现直角弯一次扣10分，扣完为止		
	飞行姿态与飞行高度	无人机"8"字飞行时舵量应柔和，不应出现过大动作，出现一次扣5分，扣完为止。无人机"8"字飞行过程中应保持高度一致，出现大幅度掉高或上升情况一次扣5分，扣完为止		

五、思考题

（1）绕圈训练对水平"8"字训练有什么帮助？

（2）进行水平"8"航线训练时，如何操控才能保持高度与圆圈直径大小？

（3）不运用"机场编辑"时，如何在默认场景寻找标志物？

任务 4　固定翼训练——吊机

吊机的表演使得运动的固定翼能达到动态悬停的效果，所以具有很强的视觉刺激感，若再配上可变距螺旋桨，更能实现倒飞、吊机的特殊表演效果，如图 3.4.1 所示。固定翼 3D 花式飞行的训练需要专用 3D 飞机，如 Extra 300、YAK54、Edge 540、Sbach 342 等。

图 3.4.1　固定翼悬停

一、训练任务描述

1. 动作说明

吊机，是固定翼 3D 飞行的一个花式动作，是通过操控使固定翼垂直于地面，实现垂直姿态和航向的自动保持，是处于一种达到动态平衡的飞行动作。

吊机也常被称为"扭力滚"。因为在吊机的时候，机身垂直于地面，机身此时相当于 0 速（也就是全失速的状态），操纵舵面此时只受桨叶气流的影响（不受飞行气流影响），固定翼的升力也只靠桨叶产生的拉力，机身在螺旋桨的反扭力下会发生滚转，所以被称为扭力滚。

另一种吊机是迎风"仰停"。飞机与地面有较大的仰角（不是垂直），飞机相对空气的速度是风速，视觉上相对地面速度为 0。飞行气流（风速）仍然对飞机有"握持力"，飞机不会旋转；舵面受到飞行气流和桨叶气流的共同作用；飞行气流对主翼有一定的承托，所以对动力要求较低，也更省油。"仰停"实质上是大仰角迎风失速飞行，但不被认定为是真正意义上的悬停，尽管二者视觉上相似。

下文所提的吊机是指"扭力滚"，也就是飞机在吊机的时候随着螺旋桨所产生的反扭力所旋转的动作。

2. 训练要求

（1）吊机训练依托模拟器的训练场景，能使学生掌握固定翼花样飞行的基本吊机技能。

（2）能提高学生对固定翼的操控敏感度和反应速度。

（3）学生能依据吊机训练成果，拓展出花飞表演的简单 3D 动作。

二、RealFlight 模拟器训练的机型及场景

Phoenix RC 和 RealFlight 7.5 模拟器都能提供专业的固定翼吊机训练（Phoenix RC 中称"扭矩训练"）的工具，是一种学习如何在扭矩滚动中控制特技飞机的训练器。Phoenix RC 模拟器机型必须选择具备 3D 功能的模型，如 Max 3D、Yak 54 等，方向菜单与控制菜单的训练选项与 RealFlight 7.5 模拟器雷同。下面介绍 RealFlight 模拟器的吊机训练工具，如图 3.4.2 所示。

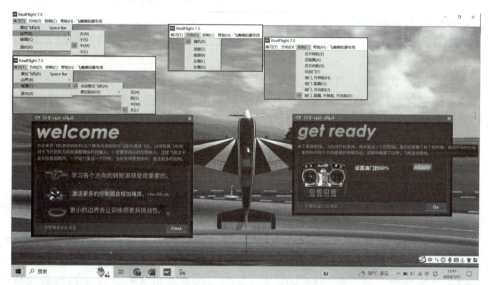

图 3.4.2　固定翼吊机训练

打开 RealFlight 7.5 "训练模式"菜单，点击"固定翼飞机吊机练习"，包含以下选项：重置飞机、设置边界（默认中圈）、碰撞崩溃（该项可以选择重置飞机的方式，默认"长"代表坠毁后 6 s 后重置飞机）、方向（该菜单允许使用者在开始或飞机重置时选择飞机的位置和姿态）、控制（菜单允许飞手选择要控制的通道），建议训练者由浅入深依次开展训练。

三、训练安排（训练的步骤、技巧）

模拟飞行前的准备工作同上任务。

飞行训练的目的是训练快速反应能力，在大脑形成条件反射区。"仰停"在大脑形成的反射区是二维、平面的；而"扭力滚"则是多维、立体的。训练好"扭力滚"，多方位"仰停"自然就掌握。吊机的训练步骤如下。

扫码观看 RealFlight 模拟器固定翼吊机训练

1. 仅控制升降舵、副翼、方向舵、仅油门

开展单通道控制的悬停训练。学习在飞机朝向正面、反面、左侧、右侧悬停时，操作单通道打杆操作，保持垂直稳定。其中，副翼、方向舵操控的难度系数最高。

2. 仅控制油门和升降舵、仅控制油门和副翼、仅控制油门和方向舵

双通道控制的悬停训练。学习在飞机朝向正面、反面、左侧、右侧悬停时，协调双通道打杆操作，保持垂直稳定。其中，油门配合副翼或方向舵操控，其难度系数最高。

3. 控制油门、副翼、升降和方向舵

全通道控制的悬停训练。学习在飞机朝向正面、反面、左侧、右侧悬停时，协调全通道打杆操作，保持垂直稳定。

4. 自选飞行机型与场景下吊机的训练

固定翼正常飞行过程中，全通道吊机训练，环境参数配置默认，物理速度 100%，注意训练平飞与吊机间的过渡。

（1）首先进入失速，当固定翼平飞时，此时降低油门，然后拉升降舵，使得固定翼进入失速状态。

（2）将油门收到底，拉杆到底，将固定翼拉到垂直状态。

（3）控制好油门，保持高度；升降舵控制俯仰、方向舵控制左右、副翼控制旋转，从而保持飞机垂直。

5. 小提示

（1）试舵。飞机自旋，先暂不理会飞机的方向，全力目测飞机是否垂直。如有偏差，要分清俯仰还是左右，凭感觉用小舵试纠正；如果偏差改善，同一方向继续使舵；如果偏差恶化，迅速反方向大舵纠正。

（2）某些飞机的俯仰和摆动惯量较大，当纠正后还有继续摆动的倾向，反方向小舵制止。

（3）吊机高度，通常模拟训练在 3 m 左右。如果真机飞行，飞太高导致飞机姿态判断困难，请根据各自的操控能力，在保证改出不炸机的情况下，尽量降低高度。

（4）练习时，如果有风，可任由飞机随风飘走，但一定要保持飞机垂直。

（5）吊机练习时刻观察飞机姿态，经过专业"训练模式"达标后，后续在真实场地训练 40 ~ 60 min 便足够，也就是经过前期模拟训练后，大脑的反射区已经基本形成。如果吊机时间达 10 ~ 40 s，旋转 3 ~ 5 圈，技能掌握情况就算基本达标。

（6）一键吊机。乐迪 A560 是具备一键吊机 3D 特技的固定翼飞机，采用乐迪自主研发的固定翼飞控 Byme-A，极大降低了新手入门难度，使他们能更好地体验飞行乐趣。

四、训练考核标准

（1）依据表 3.4.1 验收标准，进行自我检查。

（2）对存在的训练问题进行整改并填写自检记录表。

（3）按照模拟飞行训练项目及过程记录表，评分小组检查并初评。

（4）初评合格后，按表 3.4.1 所列模拟飞行训练验收标准进行验收并评分。

表 3.4.1　多旋翼无人机模拟飞行验收标准及评分表

验收项目	评价内容	验收标准	配分	评分
固定翼吊机（扭力滚）训练	仅控制油门和升降舵	在飞行中应保持高度、控制俯仰，使固定翼垂直于地面，完成时间 30 ~ 90 s，炸机一次扣 5 分	20	
	仅控制油门和副翼	在飞行中应保持高度、控制旋转，使固定翼垂直于地面，完成时间 30 ~ 90 s，炸机一次扣 5 分	20	

续表

验收项目	评价内容	验收标准	配分	评分
固定翼吊机（扭力滚）训练	仅控制油门和方向舵舵	在飞行中应保持高度、控制左右，使固定翼垂直于地面，完成时间 30～90 s，炸机一次扣 5 分	20	
	控制油门、副翼、升降和方向舵	在飞行中应保持高度、全通道控制，使固定翼垂直于地面，完成时间 90 s，炸机一次扣 10 分	40	

五、思考题

（1）结合自身体会，简述吊机的训练步骤。

（2）简述固定翼吊机飞行过程中的注意事项。

（3）为什么吊机属于固定翼 3D 花式飞行的重要技能？

模块 4　直升机飞行模拟

在实施模拟飞行训练过程中，学员需进行遥控器通道配置与校准、模型选择、场地选择、训练模式选择、环境参数设置等。运用模拟器提供的"直升机悬停"训练模式时，首先实施单侧悬停、全通道四面悬停、八面悬停以及 360°匀速自旋。其次，运用"直升机定位"训练模式，检验和巩固悬停技能。再次，参考 CAAC 考核标准，完成矩形航线、米字航线与水平"8"字航线的任务飞行。最后，开展直升机进阶训练，参考遥控直升机 F3C 国际规则的基本技能，训练科目包含横滚圆周、翻滚圆周、倒飞、钟摆与自旋翻。

知识目标

1. 了解直升机的特点、分类、应用领域等信息。
2. 掌握直升机的基本组成、各部分的功能。
3. 结合直升机实物，理解直升机的飞行原理。
4. 熟悉直升机实操训练科目与技能。
5. 理解直升机相关专业术语。

技能目标

1. 掌握遥控器每个摇杆的功能，如油门螺距、方向、横滚和俯仰。
2. 能够熟练运用直升机训练模式场景，完成悬停定向与熄火降落基本动作的操控。
3. 能够完成直升机起飞、降落、矩形航线、水平"8"字等基本动作的操控。
4. 初步掌握直升机的横滚圆周、翻滚圆周、倒飞、钟摆与自旋翻进阶技能。
5. 能按生产现场管理 6S 标准，清除现场垃圾并整理现场。

任务 1　直升机基本组成、专业术语以及飞行技能

遥控直升机特技表演观赏性极强，在航模体育运动领域表现突出，特别是世界级遥控直升机特技大师赛，充分展现了该领域技术与艺术结合的魅力。但直升机操控相对难度大，由于其受特殊的构造与飞控设计等因素影响，市场拓展方面，相比多旋翼与固定翼有一定弱势。

知识点 1　认识直升机型无人机

1. 直升机型无人机的特点及应用领域

无人直升机是指在地面进行无线电遥控飞行或自主控制飞行的可垂直起降的不载人飞行器，其构形上属于旋翼飞行器，功能上属于垂直起降飞行器。相比于其他类型的无人机，无人直升机具有更强的载荷能力，可以携带更多的货物和设备。在民用方面，其在搜索救援、物流运输、资源勘探、森林防火等方面具有广泛的应用前景。请查阅相关资料并回答下列问题。

（1）直升机的种类有哪些？都有什么特色？

（2）直升机与固定翼、多旋翼相比，优缺点分别是什么？

（3）请简述无人直升机的应用领域。

2. 遥控（RC）直升机的基本组成

小型 RC 直升机的组成部分包括：主旋翼、尾翼（尾桨、垂尾、平尾）、副翼（希拉小翼），主旋翼结构（自动倾斜器，Bell-Hiller 结构等）、起落架、机身，如图 4.1.1 所示。

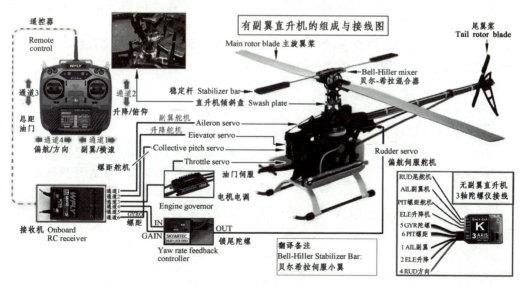

图 4.1.1　遥控直升机的基本组成

知识点 2　直升机的飞行原理

1、飞行原理

直升机的飞行原理主要包含以下内容。

（1）升力（Lift）。

直升机通过其主旋翼产生升力。旋翼在旋转时，空气流过旋翼的不同部分，导致气流速度的差异。根据伯努利原理，旋翼上方的空气流速快，气压低；旋翼下方的空气流速慢，气压高。这种压力差使得旋翼产生升力，从而使直升机升空。

（2）推进力（Thrust）。

直升机的旋翼不仅产生升力，还产生推进力。旋翼的扇形叶片在旋转时具有一定的倾斜角（攻角），使得旋翼对空气施加向后的推力，这种推力能帮助直升机前进。

（3）尾旋翼（Anti-Torque Rotor）。

主旋翼的旋转会产生扭矩，导致直升机自身旋转。尾旋翼通过产生与主旋翼旋转方向相反的扭矩来抵消这种自旋，从而保持直升机的稳定性。

（4）操控系统。

直升机的操控系统包括三个主要部分。

集体控制（Collective Control）：又称集体螺距控制、集体变距。控制杆拉动倾斜盘上下移动，调节所有旋翼叶片的攻角（桨叶桨距一起增大减小），使整个旋翼的升力均匀增加或减少。通过集体控制，可以实现直升机的升高或下降。

周期控制（Cyclic Control）：又称周期螺距控制、周期变距。控制杆拉动倾斜盘静盘发生倾斜，随着倾斜盘动盘旋转，自动调整旋翼叶片在旋转过程中（不同位置）的攻角，从而改变直升机的飞行方向。通过周期控制，飞行员可以使直升机前进、后退或侧向移动。

尾旋翼控制（Tail Rotor Control）：尾旋翼的角度可以调节，以控制和维持直升机的方向稳定。通过调整尾旋翼的攻角，可以改变直升机的偏航（方向）。

（5）稳定性与控制。

直升机的飞行稳定性是通过飞行控制系统（或三轴陀螺仪）来实现的，包括主旋翼的攻角、尾旋翼的调节以及飞行员的操控输入。

2、飞行操控

直升机飞行操控，以左手油门为例，如图 4.1.2 所示。

（1）上升/下降（油门与螺距）：通过集体控制调整升力，实现垂直起降。

（2）前进/后退（升降）：通过周期控制调节旋翼叶片的攻角，使直升机在水平面内移动。

（3）横滚（副翼）与偏航（方向）：通过尾旋翼和周期控制维持和调整直升机的稳定性与方向。

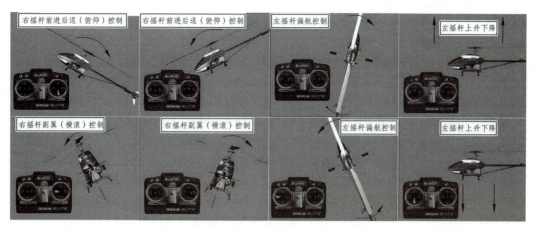

图 4.1.2　直升机飞行操控（左手油门）

知识点 3　直升机专业术语与名词

1. 飞行模拟相关专业名词

（1）Throttle 油门。

在直升机控制上，Throttle 油门指的是电机转速与发动机节流阀位置。其在接收器上通常会以 THRO 表示，为电子调速器（ESC）的通道与油门舵机的通道。

（2）Aileron 副翼。

在直升机控制上，Aileron 副翼指的是倾斜盘左右倾的移动。其在接收机上通常会以 AILE 表示，为副翼舵机的通道。

（3）Elevator 升降。

在直升机控制上，Elevator 升降指的是倾斜盘前后倾的移动。其在接收机上通常会以 ELEV 表示，为升降舵机的通道。

（4）Pitch 螺距。

在直升机控制上，Pitch 螺距指的是倾斜盘水平上下的移动。其在接收机上通常会以 PIT 表示或是 AUX1，为螺距舵机的通道。

（5）Rudder 方向。

在直升机控制上，Rudder 尾舵指的是尾部向左右旋转的移动。其在接收机上通常会以 RUD 表示，为尾部舵机（尾舵）的通道。

（6）Gear/Gain 感度。

在直升机控制上，Gear/Gain 感度指的是陀螺仪感度的控制。其在接收机上通常以 GEAR 表示，接陀螺仪感度通道 GAIN。注意，某些遥控器陀螺仪感度通道预设为 AUX2，如 JR 9X Ⅱ 遥控器。遥感器上陀螺仪感度设置选项为 GYRO SENS。

（7）D/R 双率。

D/R 全称为 Dual Rates（双向舵量比率）。能在飞行中对副翼、升降舵和方向舵及时切换两个不同的控制输出（即调整通道两端终点的最大行程）。不同于 EPA，D/R 只有一个设定值，同时作用于两端终点并且双向对称。D/R 功能可通过专用的 D/R 开关切换不同的参数值，一般用于切换大小舵量的控制，适应模型在不同飞行要求时对舵机动作量的要求。例如，升降舵杆推到上或下顶端，假设 D/R 为 100%，舵机向左或右旋转的角度 30°，重新开关设定 D/R 为 50%，那么推到上或下顶端，舵机向左或右旋转的角度只有 15°。

（8）EXP（全称 Exponential）动作曲线。

飞机姿态的反应比例来自遥控器上的操纵杆输入。EXP 也只有一个设定值，同时作用于两端并且双向对称，但此参数是不会改变（舵机）最大行程，它的作用是将原先的遥杆与舵量的直线关系转换为指数曲线的关系，改变遥杆在中点至上下 1/2 位置内与 1/2 位置到上下顶端的舵量敏感度。动作曲线通常被使用于"柔化"或减少升降、副翼与方向舵之舵机的最初行程，使操控手感贴近实际。EXP 功能一般配合使用 D/R 开关切换，获取不同的参数值。

（9）EPA 行程量调整（ATV Travel Adjust，ADJ Travel Adjust）。

EPA 全称为 End Point Adjustments，作用是设置舵机在任意一个旋转方向的通道的两端终点的最大行程（使用 120°倾斜时，为同时调整 3 个舵机混控的行程量）。与 SWASH AFR 不同的地方在于，ATV 是调整倾斜盘运行至最大行程时个别舵机产生的行程差异。

（10）Sub-trim 内辅助微调（中立微调）。

调整直升机各舵机的中立点位置。

（11）Reversing 正反转。

反转各通道舵机的旋转方向。此功能允许在遥控器菜单设置中，更改每个舵机正确的反应方向。简称为 REV，全称为 Servo Reversing。

（12）Throttle Curve 油门曲线。

调整摇杆位置的油门输出值，把直线变化的油门变为曲线变化。基本设置有 3 个调整点与螺距曲线搭配组合，提供不同飞行模式（Normal、IDLE 1、IDLE 2）以对应不同的飞行内容。例如，3D 模式的油门变化要求设置 V 字形曲线，下底端 100%，中端 50%，最高端 100%。5 点曲线就是在 3 点之间插入 2 个点，以提供更接近曲线的平滑设定。

（13）Pitch Curve 螺距曲线（桨距曲线）。

调整摇杆位置的螺距输出值，由曲线取代线性的调整方式，基本 5 点曲线就是在 3 点之间插入 2 个点，以提供更接近曲线的平滑设定。有 3 个调整点与油门曲线搭配组合，提供多组的飞行方式（Normal、IDLE 1、IDLE 2、HOLD）以对应不同的飞行内容。

例如，将下底端的 0%设定为 50%，中段设为 80%，从下底端推动油门遥杆到上顶端桨距量分别是 50%（0°），80%（+6°），100%（+10°）。此时看到的是一个只走了上半段行程的桨距曲线，这是普通模式的桨距变化要求。5 点曲线就是在 3 点之间插入 2 个点，以提供更接近曲线的平滑设定。

（14）Throttle HOLD 油门锁定或怠速锁定。

通过开关切换与数值的设置，可以将油门输出控制在怠速状态（25%左右），执行当熄火降落失效时，还可以切回重新起飞。

（15）SWASH（swash plate）倾斜盘。

泛指倾斜盘的动作，如升降、副翼、螺距。常见于遥控器设置菜单，用于斜盘设置、总距和周期距行程控制、斜盘动作精确调整。

（16）Cyclic Pitch 循环螺距或周期螺距。

操控升降舵与副翼舵，使倾斜盘的前后左右有倾斜角度，接着螺距产生周期性变化，控制直升机向前、向后、向左、向右受力而倾斜，继而实现水平方向运动。

（17）Collective Pitch 集体螺距或集合螺距。

倾斜盘的垂直运动，控制螺距集体改变，进而产生升力的变化，实现垂直运动。

2. 飞行模拟相关专业知识

（1）解释电动 450 直升机有副翼和无副翼的区别。

有副翼直升机，副翼也称平衡翼、平衡杆（学名是贝尔-希勒混控小翼），是利用"陀螺效应"稳定和通过副翼（副翼拉动主旋翼）调节飞行姿态，有副翼旋翼头的模型直升机需要配备单轴陀螺仪（锁尾陀螺）才能稳定飞行。无副翼旋翼头而是通过三轴电子陀螺取代了平衡翼，模拟有副翼的控制原理，控制舵机联动实现稳定。前者主要利用副翼稳定，还可以通过增加副翼重量加大效应。后者则完全依赖于电子设备，但机械结构简化很多。两者可谓各有千秋。

（2）如何使 D/R 与 EXP 发挥最佳的作用？

假设升降舵设定了 2 个 D/R 值，100%用于筋斗飞行，50%用于普通的练习飞行，看似解决了大小舵量的控制问题，但忽略了设定最大舵量的同时改变了遥杆敏感度。D/R 100%时，需要舵机旋转 10°，只需要推杆 1/3 即可，但 D/R 50%时，需要舵机旋转 10°，就需要推杆到 2/3。如此大的差别，显然使飞行者难以适应，而且也不合理，此时如果配合使用 EXP 就可以很好地解决这个问题。

例如，为 2 个 D/R 值分别配合设定 2 个 EXP 值。如 D/R 100%配合 EXP 60%（-60%），D/R 50%配合 EXP 0%，设置后，需要舵机旋转 10°，在 2 种 D/R 模式下的推杆位置可能就差不多了，既保持了 2 种 D/R 模式在正常飞行小幅度（小于 1/2）杆量修正时的遥杆敏感度的一致性，又不会影响到最大的舵量（筋斗飞行）。此例子仅说明了 D/R 和 EXP 的配合效果，如果要达到最好的效果还需要经过多次的飞行尝试后才能实现。

（3）什么是 3D 特技飞行？可变距直升机普通模式与 3D 模式有什么区别？

直升机的 3D 特技飞行，是指遥控直升机具有倒飞功能，能全空间、全方位地飞行，做出难以想象的动作。

飞行模式（Flight Modes）是针对直升机的不同飞行性能与动作要求而产生的。飞行模式包含了 2 个关键的参数——油门曲线与桨距曲线，不同的飞行模式是由不同的油门曲线与桨距曲线组合而成的。

一般中高端遥控器会提供 3 ~ 4 种飞行模式，每一种飞行模式都有独立的油门曲线与桨距曲线，通过专用的飞行模式开关进行切换。通常人为地将它们定义为 Normal（普通模式，悬停）、Idle1（F3C 模式，上空航线，筋斗与横滚）、Idle2（F3D 模式，3D 特技，倒飞）、Holding（油门锁定模式，熄火降落）。450、500 等小级别模型直升机应用较多的是 Normal 和 F3D 模式。曲线设置如图 4.1.3 所示。F3C 模式，主要用于竞速比赛，强调速度和精确控制；F3D 模式，主要用于特技飞行表演，强调表演效果和观赏性。

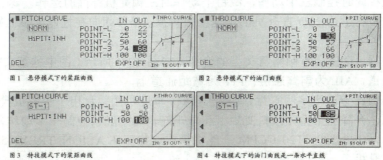

图 4.1.3　Normal 和 F3D 模式曲线设置

（4）什么是锁尾（头）陀螺仪？陀螺仪的作用是什么？

陀螺仪类似于简单飞控，用来自动调节直升机的方向（无遥控参与），一旦识别到飞机受外界因素影响偏航，锁尾陀螺通过舵机自动控制尾翼（锁定尾部），自动控制直升机保持原来的方向稳定。锁尾陀螺连接于尾舵机与接收机的方向通道、感度通道控制输出之间。

检查锁尾陀螺模块是否生效，是否具备锁尾功能，可以通过尾舵机的动作反应判断。如果左右打满方向舵后迅速回中，尾舵机也立即跟着回中，则表示陀螺仪工作在非锁尾状态；如果不回中或者略微回一点，则表示工作在锁尾状态。通常模型直升机在悬停、3D花式飞行时选择锁尾模式，在熄火（Thro Hold）模式下选择非锁尾模式。

（5）什么是直升机贝尔-希勒控制方式？

贝尔-希勒控制系统（Bell-Hiller system）是基于陀螺仪效应，一种用于增强直升机稳定性和操纵性的装置。贝尔-希勒系统主要由贝尔稳定杆（Bell stabilizer bar）和希勒伺服小翼（Hiller servo wing）组成。贝尔稳定杆由一杆与两个质量块组成，希勒伺服小翼则在贝尔稳定杆的基础上，在两个质量块处添加了短翼。模型直升机引入的"副翼"，又称贝尔-希勒混控小翼，如图4.1.1所示。

（6）什么是直升机自旋？为什么会出现自旋？

自旋就是机体以主桨轴为圆心进行的360°的旋转。如果出现自旋，有两种可能，一是高速向左或右旋转，打方向舵无效，说明陀螺仪方向设置错误，可切换陀螺仪本体上的反向开关。如没有反向开关，可通过反向安装固定陀螺仪来实现；二是机头向左（主桨顺时针旋转机型）较缓地自旋，如Align Trex和黑鹰3D直升机，满打右舵有改善，但不能完全克服，一般为主桨悬停桨距设定太高导致。

（7）解释熄火降落（自旋降落）。

遥控直升机熄火降落就是利用主旋翼旋转惯性来实现直升机无动力降落的过程。

熄火降落，又称为自旋降落，这一项科目被列为遥控直升机的飞行训练的最后环节，其运作原理就是将飞行中直升机的引擎或电动机关闭，使其失去动力，利用主旋翼的自旋惯性与螺距的变化，来达成熄火降落的目的。对电动直升机而言，油门锁定和切换熄火开关没有区别。

（8）遥控直升机斜盘类型怎么选择？

倾斜盘模式其实就是舵机的联动模式，分普通十字盘和CCPM倾斜盘。CCPM混控结构（差分螺距混合控制结构），一个是电子控制式螺距混控系统eCCPM，另一个是机械式螺距混控系统mCCPM，区分的关键在于Cyclic和Collective的混合控制是机械还是电子完成。遥控直升机电动的有四颗舵机，有三颗是控制倾斜盘，也就是控制直升机的螺距上下、左右横滚，前后俯仰，有一颗是控制尾桨螺距。CCPM的倾斜盘是三颗舵机同时控制三个动作，做每个动作时三颗舵机都同时运作。这种倾斜盘的优点是动作执行迅速，3D直升机都用这种倾斜盘。尾桨朝向在性能上没区别，一般都为朝右设计。

在遥控器说明书上有倾斜盘类型的介绍，如图4.1.4所示（图中的英文缩写，ELE为升降舵通道，AIL为副翼通道，PIT为螺距通道）。

第一个，H1普通十字倾斜盘，单舵机模式，单舵机倾斜盘用1个舵机代表1个轴，分别是副翼、升降舵（循环倾斜变矩）和总矩舵，每个舵机控制一个动作，无联动。

第二个，HR3-120，120°CCPM三舵机模式。如亚拓ALIGN TREX-450L六通道遥控电动直升机。

第三个，H3-140，140°CCPM三舵机模式。

第四个，HE3-90，90° CCPM 三舵机模式。

第五个，HN3-120，120°CCPM 三舵机模式。

第六个，H2，双舵机模式。

第七个，H4-90，90°四舵机十字控制倾斜盘。

第八个，H4X-45，45°四舵机 X 字控制倾斜盘。

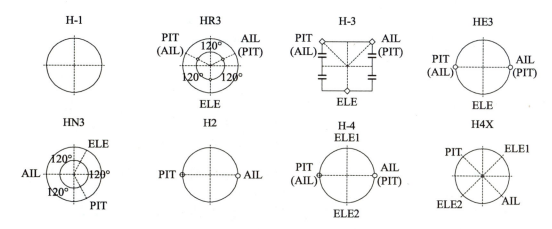

图 4.1.4　直升机倾斜盘类型

（9）H1 与 H3 倾斜盘控制方式有什么区别。

在 H1 倾斜盘控制方式下，副翼的动作仅由副翼舵机控制，升降的动作仅由升降舵机控制，桨距的变化也仅由桨距舵机控制，3 个舵机各司其职。普通 H1 十字盘一般通过传统机械螺距混控（即 mCCPM）实现动作。

在 H3 倾斜盘（即 eCCPM）控制方式下，倾斜盘每一个动作都由 3 个舵机同时动作完成的，每个动作三颗舵机都同时运作。比如，实现桨距的变化是由 3 个舵机同时推拉十字盘上下运动，横滚（左右）的动作同时由副翼和桨距舵机同时 1 推 1 拉完成，俯仰（前后）的动作由升降、副翼及桨距舵机完成的 1 推 1 拉完成。

知识点 4　飞行技能及任务需求

直升机飞行操控模拟训练，是直升机前期培训必备的重要环节，该训练的周期长、难度大。

（1）CAAC 考证。考试科目同多旋翼，训练内容详见本模块任务 2 的子任务 1、6。

（2）基础技能。本模块训练内容侧重于起飞、降落、空中悬停等基础技能，为直升机飞行入门奠定了基础。详见任务 2。

（3）进阶科目。训练包含横滚圆周、翻滚圆周、倒飞、钟摆与自旋翻，为后续参与国际级遥控直升机特技（F3C）赛事奠定基础。详见任务 3。

（4）F3C 飞行比赛科目。

F3C 被誉为直升机的空中体操，也是公认最难的航模比赛项目之一。参赛者需要在规定的时间内完成一系列复杂的飞行动作，包括高速俯冲、高速爬升、筋斗、半筋斗等。本书不涉及相关训练科目（注意，F3A 是国际航协举办的固定翼特技飞行比赛）。

任务 2　直升机基础训练——起降、悬停定位与熄火降落

直升机与多旋翼同属旋翼机，训练内容涵盖多旋翼科目。其中，在 Phoenix RC 模拟器的多旋翼悬停训练中，常用直升机模型替代多旋翼，使操作手感更为灵敏。

一、训练任务描述

1. 动作说明

直升机基础训练动作主要包括起飞、悬停、前进后退、升降和着陆等基本操作。其中，悬停定位操作是飞行控制中的一个重要技能。悬停时，需要精细调整直升机的位置和姿态，以确保直升机在空中静止不动，这通常是通过微调摇杆来实现的，包括调整油门和方向控制等。

2. 训练要求

在模拟飞行中，掌握不同摇杆控制的功能是非常重要的。例如，副翼控制飞行器的左右平移，机头不偏转；俯仰控制飞行器的前后平移，飞行器绕自身横轴旋转；油门控制飞行器的上下平移，飞行器离地的高度发生变化；方向控制飞行器的偏航旋转，飞行器绕自身立轴旋转。具体训练要求如下：

（1）能完成起飞、前进、降落的"蛙跳"动作。

（2）利用软件训练模式，能根据考核要求完成悬停、定位与自旋 360°操作。

（3）利用软件训练模式，能较好地完成熄火降落过程。

（4）参考多旋翼的训练科目，能完成包括前进、左右移动的矩形、米字形航线，最终能飞出一个完整的飞行圈、水平"8"航线。

二、训练安排（含训练的机型与场景、训练的步骤与技巧）

模拟飞行前的准备工作，同多旋翼任务。

扫码观看 RealFlight 模拟器
直升机训练子任务 1~5

子任务 1 直升机悬停

悬停是直升机飞行的基础练习科目，RealFlight 7.5 提供专业的在悬停时能精确控制直升机的训练器。可以选择模拟飞行时的方向、边界尺寸与通道控制等。同样在飞行之前，有一个准备清单，如果检查表中的项目设置在正确预设位，就绪指示灯"READY"将亮起。地面上有一个圆圈代表训练边界。

在"训练模式"菜单，点击"直升机悬停练习"，如图 4.2.1 所示。

图 4.2.1　RealFlight 模拟器直升机悬停训练

"直升机悬停练习"，包含以下选项："重置飞机""更改边界（默认中）"和"碰撞崩溃"菜单项，可以选择重置飞机的方式，"无"代表不设置延迟，飞机将立即重置，"短、中、长"代表坠毁后 1、3、6 s 后重置飞机；"方向"菜单允许使用者在开始或直升机重置时选择直升机的 10 种位置和姿态；"控制"菜单允许使用者选择要控制的通道。

训练方法与要领：

通过更换"方向"和"控制"子菜单组合，让训练步骤循序渐进，最终完成全通道四面悬停的训练科目。

（1）仅控制总距、横滚、偏航、油门。

单通道控制的悬停训练。学习在机鼻朝外，机鼻朝里，左侧、右侧悬停时，结合正飞倒飞，单通道打杆操作，保持垂直稳定。

（2）仅控制油门和总距、仅控制油门和横滚、仅控制油门和偏航。

双通道控制的悬停训练。学习在飞机朝向正面、反面、左侧、右侧悬停时，结合正飞倒飞，协调双通道打杆操作，保持垂直稳定。其中，油门配合副翼或方向舵操控难度系数最高。

（3）控制油门、总距、横滚和偏航。

全通道控制的悬停训练（即四面悬停）。学习在机鼻朝外、机鼻朝里、左侧、右侧悬停时，结合正飞倒飞，协调全通道打杆操作，保持垂直稳定。

（4）变更"边界"子菜单，提升悬停难度、悬停位置的精准度。

（5）尝试匀速自旋 360° 的动作。直升机姿态稳定后，匀速向左或向右拨动方向舵，使其匀速旋转。在旋转过程中，如直升机发生偏转，应及时判断并修正飞行姿态，维持一个高度悬停，使其始终保持在地标区域的上方。

Phoenix RC 模拟器的"训练模式"菜单也有"悬停训练"（6.0 版本的显示为"四面悬停与倒飞"），如图 4.2.2 所示。由于无碰撞圆圈边界辅助，通常在训练考核过程中不会用到，而是一般选择"场地布局"F3C 方框。

图 4.2.2　Phoenix RC 模拟器直升机悬停训练

子任务 2 直升机定位

飞行过程中，要求将直升机放在与教练直升机相同的位置。当飞手完成某任务后，教练直升机将移动并且难度将增加。"直升机定位练习"有不同的级别，训练难度逐级递增。完成后，教练直升机将从蓝色变为红色，屏幕顶部的进度条将增加，代表飞手的任务进度。在右上角，看到倒计时数，显示完成任务所剩余的时间。左上角显示的数字表示教练直升机停在当前水平位置任务进展数。例如显示 1/5，则表示飞手已成功完成当前级别 5 个点中的 1 个点。任务 Level 数字级别越高，分配的时间也会减少，训练需停留更多位置。

在"训练模式"菜单，点击"直升机定位练习"，如图 4.2.3 所示，下拉菜单显示当前飞手能使用至级别 Level 2（在完成 Level 1 后），初始训练级别不能跳跃。

训练方法与要领：

请依据教练直升机的提示，依次完成不同级别的任务，移动直升机实现精准悬停的定位。

注意，当蓝色引导与红色引导箭头重合，表示直升机处在教练机位置正上方，进度条开始累加。该项任务操控难度大，初学者可以降低物理速度至 60%～80%。Phoenix RC 模拟器无此训练器。

图 4.2.3　RealFlight 模拟器直升机定位训练

子任务 3 熄火降落

熄火降落，又被称为自旋降落，这一项科目被列为遥控直升机的标准训练的最后一项，其运作原理就是将飞行中直升机的引擎或电动机关闭，使其失去动力，利用主旋翼的自旋惯性与螺距的变化，来达成熄火降落的目的，实现直升机无动力降落的过程。对电动直升机而言，油门锁定和切熄火开关没有区别。

同样在飞行之前，有一个准备清单。你会注意到直升机出现在空中，下面有一条线朝向地面，在地面上有一个必须着陆的边界圈。

在"训练模式"菜单，点击"直升机自旋练习"，如图 4.2.4 所示。

图 4.2.4　RealFlight 模拟器直升机自旋降落

"直升机自旋练习"包含以下选项："重置飞机""设置边界""初始海拔高度""进入位置"（允许飞手从右到左调整直升机的初始接近位置，此子菜单中选择"倒飞"，以便在自动旋转降落前，通过练习将直升机向右侧和向上移动）和"碰撞崩溃"菜单项，具体同上所述。

训练方法与要领：

（1）更改"起始高度"、着陆"边界"，提升降落难易度和降落位置的精准度。变换飞机"进入位置"，训练摇杆操作的不同方向感。

（2）先以一个适当的速度向前飞行，飞机开始前进之后略微压低一些机头（如果是倒飞熄火降落，螺距需保持在 50%上方），以大约 45°的角度下降，从而在下降时获得更多的速度。接近目标时，轻拉机头开始上升（会得到多的悬停时间），不要碰螺距，此时操纵飞机在目标处降落。通常，在最后降落时旋转半圈，会有一个低头后退的动作，防止降落时打到尾桨。注意，训练倒飞熄火降落，同样需一个标准的倒飞俯冲动作。

Phoenix RC 模拟器的"训练模式"菜单也有"自旋降落"辅助训练，但相较于 RealFlight 模拟器，其飞行视角与降落场地位置不明显，飞行体验略显不足，不推荐使用。

子任务 4 起降训练

（1）训练机型与场地。

RealFlight 模拟器推荐使用 KDE 700、泰世 Gaui X7、Synergy E7、Thunder Tiger Raptor E720 FBL、Dominion 3D、Align T-Rex 500E 等，场地在 PhotoFields 中任意选择。

Phoenix RC 模拟器推荐使用 Gaui X7、Henseleit Three Dee Rigid2010、Align T-Rex 700 和 Align T-Rex 700E 3G 等，场地可任意选择。

（2）训练方法与要领。

对模型直升机操控来说，起飞和降落是最考验飞行技术的，若想平稳降落，悬停是很重要的基本功。操纵时，需把模型直升机悬停在一个离地较低的位置上，此时稍微收一点螺距（油门）就可以使模型较稳定地降落。

① 从"青蛙跳"开始训练。

"蛙跳"是针对新手的提升控制稳定性的练习动作，训练时，推一下油门杆让直升机上升，再拉油门杆让它降落，一上一下地练习，主要让飞手体会操控的敏捷度、跳跃稳定性等。能够在短时间内迅速调整直升机的姿态，以避免硬撞地面而坠毁。

② 在起降练习过程中，飞行员需要密切注意直升机的姿态变化，通过不断地调整来保持直升机的稳定飞行。

③ 此外，飞行员还需要学会预测和应对外界干扰，如风力、气流等因素对飞行的影响，这也是动作练习中的一个重要环节。

子任务 5 自旋航线直线飞行

（1）训练的机型与场地。

训练的机型同本节子任务 4，训练的场地参考模块 2 的任务 2、3。

（2）逆时针自旋、直线前进航线。

以美国手为例：

① 悬停时，左手向左打方向舵，飞机开始左自旋（逆时针）。

② 机头向前的瞬间，右手升降舵向前打，前进。

③ 机右侧向前的瞬间，右手副翼舵向右打，前进。

④ 机尾向前的瞬间，右手升降向后打，前进。

⑤ 机左侧向前的瞬间，右手副翼向左打，前进。

⑥ 机头重新转向前，重复 2～5 步。

⑦ 最后，左手控制飞机自旋一圈，右手正好也按前 → 右 → 后 → 左转的顺序完成一圈（顺时针）。连贯起来，其实就是左手压住方向舵不动，右手以与自旋相反的方向画圈。自旋有多快，右手画圈就有多快，两者要同步。

完全熟练后，将会感觉到"自旋航线"其实就是右手在"赶着"主轴向操作者想要的方向倾斜。练习自旋的过程中，美国手的右手正好与旋翼面相对，映射相比日本手更容易。

子任务 6 小航线飞行（矩形小航线、米字小航线与水平"8"小航线）

小航线飞行是四位悬停过关后应首先进行的科目，这是所有航线飞行的基础。四位悬停（对尾、两个侧位、对头）熟练后，小航线飞行便变得极为简单了，顺时针小航线和逆时针小航线都要飞行熟练。

（1）训练的机型与场地。

训练的机型同本节子任务 4，训练的场地参考模块 2（多旋翼）的任务 2、3 相关内容。

（2）矩形、米字小航线飞行训练方法与要领。

① 开始进行小航线飞行的窍门在于，要注意控制飞机前进的速度，过快的前行

速度会给新手的小航线飞行带来意想不到的困难，转弯时应控制适当的转向速度，缓慢有节奏地转向才是正确的做法。

② 矩形与米字的小航线动作标准：直线飞行时控制好航线的笔直，转弯飞行时控制好左右弯半径的一致。在整个航线飞行过程中应尽量保持速度一致、高度一致。

（3）"8"字小航线飞行训练方法与要领

"8"字小航线飞行可以在很大程度上培养飞手在航线中对直升机方位感的适应性，一个航线中同时训练向左转弯和向右转弯，是初级航线飞行必练的科目。参考多旋翼"8"字小航线，如图 2.3.5 所示。

① 直升机升空后，使用方向舵进行转弯（任选起始在两侧转弯的方向），同时用副翼舵偏差修正，二者协调动作，在水平方向上，顺时针/逆时针完成一个"8"字小航线。

② "8"字小航线飞行的诀窍在于，根据自己的能力控制直升机前行的速度，并在航线飞行过程中不断纠正姿态和方位。

③ "8"字小航线飞行的标准：左右圈飞行半径一致，"8"字交叉点在操控手正前方，整个航线飞行过程中飞行高度一致、速度一致。

子任务 7 大航线飞行

大航线飞行是一切动态飞行动作的基础，具体参考固定翼"8"字大航线，如图 3.3.4 所示。

（1）训练机型与场地。

训练机型与场地，同本节子任务 4。也可采用系统预先定制的机型与场地。

（2）训练方法与要领。

① 确定好航线的标志线或标志物，以逆时针或顺时针方向进行航线的飞行练习。

② 直升机升空后，以较快速度飞行。依靠压副翼舵并同时打升降舵进行大航线，同时方向舵修正机头航向偏差，顺时针或逆时针完成一个封闭的运动场形状大航线。

③ 刚开始从小航线飞行转入大航线飞行时，把握好以下两条原则，可有效降低炸机的风险：一是保持足够的安全高度（10 m 以上），如果出现意外可获得更多的反应时间，但也不要飞得过高使姿态难以辨认；二是从中慢速开始尝试飞行，转弯半径可以放大，副翼和升降舵给的量可以小些，然后再逐渐加快飞行速度，给转入大航线飞行一个循序渐进的过程。

④ 需要注意的是，大航线飞行转弯中，副翼压得越大、升降舵杆量越大，转弯坡度就越大，转向完成得就越快越剧烈。新手往往控制力较差，容易压坡度压得过度而不知及时纠正而炸机。

⑤ 大航线飞行的标准：飞行中，直升机应具有一定的速度，且整个航线中速度和高度保持一致，左右转弯半径一致。

大航线飞行对之后的所有航线类 3D 动作来说都是极其重要的基础，训练时间长，一般连续练习数量不少于 200 个起落。

小提示：

（1）直升机操控难度大，重点训练子任务 1、2、3、4。

（2）直升机操控航线飞行可参考多旋翼训练科目。

（3）直升机训练耗时长，需制订详细的训练计划，增加业余训练时间。

三、训练考核标准

（1）依据表 4.2.1 验收标准，进行自我检查。

（2）按照模拟飞行训练项目及过程记录表，评分小组检查并初评。

（3）初评合格后，按表 4.2.1 所列模拟飞行训练验收标准进行验收并评分。

表 4.2.1　直升机模拟飞行验收标准及评分表

验收项目	评价内容	验收标准	配分	评分
直升机基础训练科目	四面悬停	全通道控制的悬停训练，边界默认。在飞行中应保持高度，完成时间 30～90 s，炸机一次扣 5 分	20	
	直升机定向	根据训练模式提示，完成级别 Level 1、Level 2，完成时间 30～90 s，炸机一次扣 5 分	20	
	起降训练	"蛙跳"动作次数不少于 5 次，完成时间 30～90 s，炸机一次扣 5 分	20	
	熄火降落	规定时间内，动作次数不少于 5 次，完成时间 30～90 s，炸机一次扣 5 分	20	
	小航线飞行	"8"飞行中应保持高度、全通道控制，匀速飞行，飞行轨迹为圆弧航线（不能为直角航线），动作不达标，重置一次扣 5 分	20	

四、思考题

（1）结合自身体会，简述直升机悬停的训练步骤。

（2）简述直升机起降训练过程中的操作要点。

（3）简述直升机小航线飞行训练过程中的操作要点。

任务 3　直升机进阶训练——横滚圆周、翻滚圆周、倒飞、钟摆与自旋翻

在完成了任务 2 的起飞、降落、悬停与航线等基础训练后，便可实施进阶科目训练，为后续参加国际级遥控直升机特技（F3C）赛事奠定基础。

一、训练任务描述

1. 倒飞动作说明与训练要求

（1）倒飞指直升机在空中以反向（机腹朝上，旋翼在下）方向飞行。
（2）训练要求。
方向感。需要掌握直升机在倒飞状态下的方向控制，避免方向判断混乱。
稳定性。在倒飞过程中，操作者给出的控制指令需细腻、柔和，始终保持直升机的稳定，避免因动作过大而失控造成偏离。
逐步训练。从短距离倒飞开始，逐步增加飞行距离和复杂度。

2. 横滚圆周动作说明与训练要求

（1）横滚圆周是一种将直升机在空中进行水平圆周运动，同时不断完成横滚动作的飞行技巧。直升机在执行时需要连续横滚，同时保持其沿着圆周轨迹飞行。
（2）训练要求。
协调性。要求操控者同时调整油门、偏航和横滚（副翼）来维持直升机沿圆周路径的飞行。
平稳性。在横滚过程中，需确保飞行的平稳，避免过快或过慢的圆周运动。
空间感。操控者需具备良好的空间感，能够精确判断直升机的姿态和位置。

3. 翻滚圆周动作说明与训练要求

（1）翻滚圆周是指直升机在空中沿圆周轨迹进行持续的翻滚动作。直升机绕其纵轴做 360°翻滚的同时，沿圆周运动。
（2）训练要求。
翻滚控制。要掌握翻滚的速度和角度，使其与圆周飞行的速度相匹配。
稳定性。保持圆周飞行的稳定性，并在翻滚过程中维持直升机的姿态。
练习。需要在练习时逐渐增加圆周半径和翻滚速度，以提升操控技能。

4. 钟摆飞行动作说明与训练要求

（1）钟摆飞行是指直升机在空中像钟摆一样摆动，通常是从一个方向摆动到另一个方向。这种动作需要直升机在空中进行有规律的摆动，比如像钟摆一样前后摆动。
（2）训练要求。
控制技巧。要求操控者能够精确控制摆动的幅度和频率，保持飞行的平稳性。

协调性。同时调节油门、偏航和升降控制，以维持钟摆动作的稳定。

耐心。掌握钟摆飞行需要一定的时间和耐心，要逐步增加动作的复杂度。

5. 自旋翻动作说明与训练要求

（1）自旋翻指直升机在空中完成旋转和翻转动作，通常是 360°旋转的同时进行翻转。这种动作结合了旋转和翻转的技巧，需要在短时间内完成复杂的飞行姿态变化。

（2）训练要求

动作协调。需要操控者在飞行中协调好旋转和翻转的动作，避免因不协调导致的失控。

精确控制。掌握旋转和翻转的速度，使其流畅自然。

飞行稳定。在进行自旋翻时，保持直升机的飞行稳定，避免突然的姿态变化导致其失控。

这些动作对操控者的技术要求较高，需要经过反复练习和逐步提高才能掌握。初学者可以从基础动作做起，逐渐过渡到这些复杂的飞行动作。

二、训练机型

RealFlight 7.5 与 Phoenix RC 模拟器训练机型选择，可参考本节任务 2 子任务 4，场景不限。推荐下载亚拓 Align T-Rex 700N、Align T-Rex 600N DFC_EA、Gaui X7 Formula_EA 等，新模型手感更接近真机。进入 RealFlight 论坛，模型选择如图 4.3.1 所示。

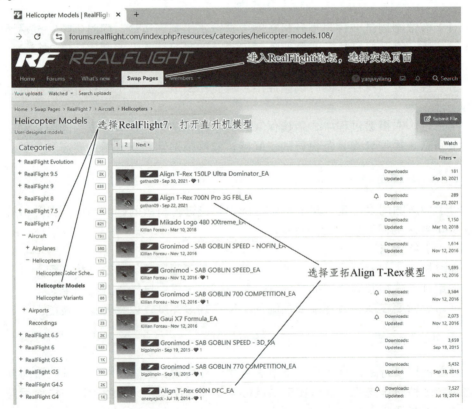

图 4.3.1　亚拓 Align T-Rex 700N/600N 模型

三、训练安排（训练方法与要求）

模拟飞行前的准备工作，同多旋翼任务。

扫码观看 RealFlight 模拟器
直升机训练子任务 1～5

子任务 1 倒飞训练

1. 预先要求

（1）开始练习倒飞前应掌握各个方向的悬停、前进航线、后退航线、自旋、刷锅、空翻和横滚。在开始练习难度更高的动作之前，需要非常熟练地掌握以上各种控制操作。

（2）建议先选择倒飞悬停训练模式，详见任务 2。

（3）而后使用普通机型与场景训练，依次完成起飞、切 3D、翻过来、停稳动作。

（4）飞行模拟训练时间：3～6 个月。

2. 训练步骤方法

（1）翻过来。

空翻过来还是横滚过来，可根据个人喜好进行选择。建议训练动作使用从后翻到对头倒飞的状态，正螺距过大会导致飞机飞到操作者身后从而产生安全风险，应和飞机间保持一个合适的距离。

在稳定悬停基础上，大杆量拉动升降舵，使直升机快速翻转到倒飞状态，然后迅速下拉油门杆补充一点负螺距，从而控制直升机实现倒飞悬停的飞行状态。

（2）倒飞控制。

飞机倒飞时有些控制方向会和正飞时相反。

① 方向。正飞悬停机头朝前，如果方向舵左打，倒飞悬停时会完全相反。

② 升降。正常情况俯仰杆下拉会使机身后倾、向后运动。倒飞时拉杆则会使机身前倾、向前运动。

③ 螺距。油门杆向下就是飞机上升，向上就是飞机下降。

④ 副翼。机尾朝后（机头朝前）时，打副翼倒飞与正飞完全相同。

（3）倒飞自旋悬停。

这是较难的操作，注意缓慢地转，习惯之后再加速。

（4）倒飞前进和后退。

倒飞前进和后退是完全不同的。建议在熟练掌握倒飞悬停和自旋悬停后再练习倒飞前进，期间建议先用几个月来习惯悬停。

子任务 2 横滚圆周

此动作为飞机在圆周航线中不断横滚。圆周可以分为前进和后退、顺时针和逆时针、左滚和右滚，下面以逆时针左滚前进圆周航线为例来学习。

1. 预先要求

已经熟练掌握倒飞前进。

2. 训练步骤方法

（1）先以一个机头跟随正飞前进逆时针航线开始。

（2）当飞机到达 3 点钟方向时（假设 12 点钟方向是远离操控者的），向左做一个180°翻滚，进入转弯，此时飞机是倒飞前进飞行。注意：方向舵、升降舵和螺距全部都反过来。

（3）倒飞前进，逆时针圆周航线，直到非常熟练。

（4）当飞机再次到达 3 点钟方向时，左滚回到正飞，继续圆周航线，同上。

（5）重复练习，直到操控者能够在高度不变的情况下完成左右横滚，并且保证圆周不变。

（6）在熟练掌握 3 点钟位置之后，开始尝试在 9 点钟位置做同样的动作，飞机在9 点钟方向时直升机是对头。

（7）当对 9 点钟位置非常熟练之后，开始尝试在 3 点钟和 9 点钟方位连贯做相同的动作。

（8）以上动作非常熟练之后，尝试在 12 点钟和 6 点钟方位多做两次动作。注意操控者视角的直升机为对侧面。

（9）此时已经可以做一个基本的横滚圆周了，可以开始尝试在四个方位一直横滚。每个方位做一次 180°翻滚，把一套动作分解成单个的动作，从基础开始练起，慢慢地就会掌握如何打舵了。

新动作先在模拟器上尝试，真机飞行之前一定要确保在模拟器上已经练习得非常熟练了。

子任务 3 翻滚圆周

此动作为在圆周航线中不断翻滚。动作有很多方式，包括顺时针、逆时针、前进、后退、前滚、后滚。下面以顺时针前进后滚来介绍。

1. 预先要求

必须熟练掌握倒飞前进航线和后退航线。确定倒飞圆周的时候不会转向、错舵。

2. 后滚下降训练步骤方法

（1）从左至右（或从右至左）进入航线 H 点。

（2）接近 H 点的时候拉俯仰杆，同时给一点负螺距。

（3）向后翻滚 90°，保证飞机高度不变。注意：当飞机尾向下垂直的时候，负螺距应该到最大了。

（4）继续拉杆翻滚 90°，机尾向前，调整负螺距使飞机悬停。

（5）继续拉杆翻滚 90°，并增加些正螺距。注意：机头向下时正螺距应接近最大。

（6）继续拉杆翻滚 90°，回到正飞状态。

坚持练习，保证能够熟练螺距控制使飞机前进速度和高度不变，且左右方向都要练习。

3. 翻滚圆周训练步骤方法

熟练后滚下降之后就可以把它和圆周航线整合在一起。

（1）机头跟随圆周航线，以正飞顺时针前进开始。

（2）在 9 点钟方向（设定 6 点钟在近，12 点钟在远）做一个后滚 180°至倒飞状态，继续圆周。

（3）再次到 9 点钟方向时再做一个后滚 180°回到正飞状态。

（4）继续练习直到非常熟练。

（5）尝试练习 12 点钟、3 点钟、6 点钟方向。刚开始单独做一个方位，熟练之后练习各个方位，直到能够在圆周中保持翻滚。

子任务 4 钟摆

"钟摆"看起来很简单，但实际上手比单纯的前后猛打摇杆和油门要复杂得多。下面会将"钟摆"分解开来讲解，使飞手了解如何分别控制总螺距和循环螺距。

1. 预先要求

至少掌握前后翻、倒飞悬停之后，再训练"钟摆"动作。倒飞各种航线掌握得越好，钟摆越容易。

2. 螺距管理训练步骤方法

首先训练机尾朝下、头朝上的钟摆（也叫升降舵钟摆），因为机尾的方向是和飞手熟悉的方向一致，相对比较易操作。

（1）飞机对尾正飞进入场地并保持合适的高度。

（2）增加一点正螺距，拉俯仰后空翻，进入倒飞对头悬停，同时给一点负螺距。

（3）打俯仰杆，控制飞机翻滚回到正飞对尾悬停。

（4）稳住飞机，重复练习。

以上练习能帮助飞手熟悉集体螺距和周期螺距控制的协调性，这是"钟摆"必须掌握的技能，这种训练叫"螺距管理训练"。不断训练控制螺距的能力，逐渐开始练习在还没完全翻过来的时候尝试控制飞机翻回去。

最后，联系其他方向的钟摆（头朝上、头朝下、头朝左、头朝右），开始时平飞，始终保持翻转或滚转时直升机对着飞手，然后再翻回去。

3. "钟摆"训练方法与要领

为了很好地控制"钟摆"，还要在"钟摆"的同时学会控制其他周期螺距的动作。方向舵可以将钟摆左右移动，周期螺距可以旋转飞机使其保持直线。

训练方法如下：

（1）如果在机尾朝下的"钟摆"中打左方向，飞机会飘向左方，副翼协调控制飞机旋转，可实现"钟摆"摆到任意的角度。

（2）如果是侧摆，先用升降舵来把飞机摆正，方向舵的作用是一样的。周期螺距控制是根据飞机的姿态进行修正，需要大量练习，才能最终在"钟摆"中加入将你想要的修正。

（3）试着在"钟摆"的同时修正尾舵和循环螺距是十分重要的技能，刚开始时可以先在"钟摆"中间从一侧到另一侧短暂的暂停时进行细微的修正。

一共有 16 种进入"钟摆"的方向，建议先从对尾头朝上的方向"钟摆"开始训练。先研究理论，再研究控制，这样就能在低空做出稳定的"钟摆"。

子任务 5 自旋翻

"自旋翻"（Sustained Choas），即"自旋＋翻滚"的动作，是 3D 飞行必须掌握的一个科目。在 2005 3D Master 30 个动作中排第 19，难度系数为 K2（一共分为 K1、K1.5、K2、K2.5、K3 五档）。

1. "自旋翻" 按旋转方向分为两种。

（1）正飞时机头向右旋转：此种做法发动机负荷大，完成难度也大些。

（2）正飞时机头向左旋转：此种做法发动机负荷小，相对容易些。这个动作由于充分利用了主桨的反扭矩，使得在熄火降落过程中完成成为可能。

2. 预先要求

需要在掌握正飞自旋、倒飞自旋、横滚圆周、翻滚圆周后，再训练"自旋翻"。

3. 训练方法与要领

（1）正飞 360°自旋。

（2）倒飞 360°自旋。

（3）从正飞对尾悬停，自旋 180°到倒飞对尾悬停。

先升降舵推到底使飞机成 90°垂直，此时适量打左方向舵和副翼打右到底，尾部自旋到正对飞手的时候，方向舵回中，升降舵拉到底，把飞机摆平到倒飞对尾悬停。

（4）从倒飞对尾悬停，自旋 180°到正飞对尾悬停。

先升降舵拉到底使飞机成 90°垂直，此时适量打左方向舵和副翼打左到底，尾部自旋到正对飞手的时候，方向舵回中，升降舵推到底，把飞机摆平到正飞对尾悬停。

（5）练习完整的自旋翻。

从正飞对尾悬停，自旋 180°到倒飞对尾悬停，不要停止自旋，倒飞自旋 360°后，从倒飞对尾悬停，自旋 180°到正飞对尾悬停，不要停止自旋，正飞自旋 360°，并不断重复。

小提示：

（1）直升机飞行模拟训练耗时长，需制订详细的训练计划，增加业余训练时间。

（2）想要更进一步磨炼训练技能，需更加逼真的手感，推荐专业级直升机飞行模拟 HELI- X。

四、训练考核（标准）（表）

直升机进阶训练科目难度大，耗时长，不参与课堂考核，建议自定义考核标准。

表 4.3.1　直升机模拟飞行验收标准及评分表

验收项目	评价内容	验收标准	配分	评分
直升机进阶训练科目	倒飞	规定倒飞自旋悬停完成的任务时间；规定倒飞前进后退完成的任务时间	20	
	横滚圆周	规定时间内完成横滚圆周指定的几项动作	20	
直升机进阶训练科目	翻滚圆周	规定时间内翻滚圆周指定的几项动作	20	
	"钟摆"	规定时间内"钟摆"指定的几项动作	20	
	自旋翻滚	规定时间内自旋翻滚指定的几项动作	20	

五、思考题

（1）结合自身体会，简述倒飞的训练步骤。

（2）简述翻滚圆周在飞行过程中的训练方法与步骤。

（3）直升机自旋翻 3D 飞行的动作要领有哪些。

模块 5　DJI 大疆飞行模拟

　　在实施飞行模拟过程中，针对用户体验版，学员运用 4 种自由飞行场景和 3 种娱乐场景，需熟悉遥控器功能设置，进行模块选择、模型选择、场景与任务选择、自定义参数设置等，训练大疆无人机的操作技能。针对企业标准版，主要完成悬停考核、航线考核、慧飞电力巡检考核、慧飞安防考核、DJI 内部飞行技能考核以及搜索救援任务，从而达到 UTC 考核的要求，为外场飞行打下坚实基础。

知识目标

1. 熟悉用户体验版与企业标注版的功能差异。
2. 掌握 DJI Flight 飞行模拟各界面的基本功能。
3. 熟悉大疆六种遥控器的基本功能。
4. 理解飞行模式、自定义设置与高级设置的各参数运用。
5. 了解电力精细化巡检的工作流程。

技能目标

1. 能运用自由飞行的农田、训练场、城市、海岛场景学习航拍与植保技能。
2. 能根据不同的场景、不同技能的运用切换适合的飞行视角。
3. 能基本完成企业标准版技能训练子模块，包含悬停考核、航线考核、慧飞电力巡检考核、慧飞安防考核、DJI 内部飞行技能考核。
4. 能基本完成企业标准版的搜索救援任务。
5. 能按生产现场管理 6S 标准，清除现场垃圾并整理现场。

任务 1　大疆模拟器的安装与使用

大疆飞行模拟是一款专业的、支持多款大疆无人机的模拟训练软件，专为培训合格的行业飞手而开发，用户能够根据需求选择最合适的机型进行训练。

因用户体验版（免费版）的功能仅限自由飞行 4 个任务和娱乐飞行 3 个任务，训练内容寓教于乐为主，该项目不设置考核环节。飞行模拟仅需将大疆遥控器连接电脑，就可沉浸于训练课程与场景之中。

知识点 1　DJI Flight 模拟器的安装

安装模拟器之前，请确认一下操作系统是否为 Windows 10，且机器配置是否满足官方给的最低配置要求：中央处理器 G4560、图形处理器 GeForce GTX 1050 Ti、显存 4 GB、内存 16 GB、硬盘 80 GB 空间。

从官网下载安装向导软件 DJI Flight Simulator Launcher.exe，双击运行。安装界面如图 5.1.1 所示。

图 5.1.1　安装向导软件

输入登录的账号和密码，如图 5.1.2 所示。个人注册的 DJI 账号登录后只有用户体验版的安装下载选项，企业标准版和电力专业版账号需单独找代理商购买，点击"安装"，联网后下载相应版本的安装包，自动完成全部流程。

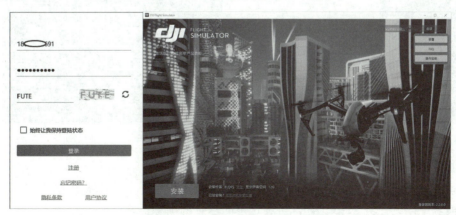

图 5.1.2　输入登录的账号和密码

如果出现如图 5.1.3 所示的错误信息，则代表软件无法联网获取，显示如图 5.1.3 所示的登录错误信息。

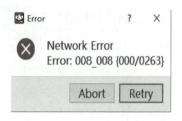

图 5.1.3　登录错误信息

知识点 2　DJI Flight 模拟器的基本使用

飞行模拟操作步骤：第一步，在主界面选训练模块；第二步，在飞行器界面选飞机，并查看飞机参数；第三步，选训练子模块；第四步，选任务关卡。下面介绍登录界面、主界面和飞行器界面的功能。

扫码观看 DJI Flight
模拟器安装与使用

1. 界面功能介绍

（1）登录界面。

登录界面如图 5.1.4 所示，打开"设置"选项，依据电脑的配置、画面流畅度自行设置，"操作说明"提供各型号大疆遥控器开关、旋钮图文设置，详见模拟器的设置内容。

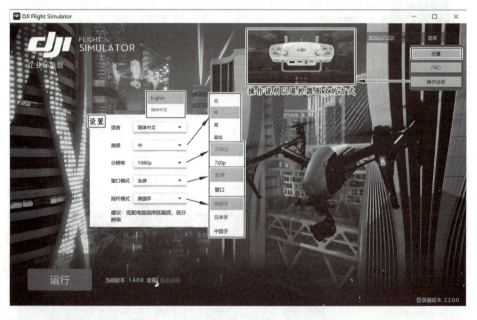

图 5.1.4　DJI Flight 模拟器登录界面

（2）主界面。

点击"运行"，进入飞行模拟主界面，如图 5.1.5 所示。飞行模拟界面共设四个训练主模块（详见任务 2、3、4），可满足不同水平的训练需求。

主界面操作：运用键盘 W/S/A/D 或者上下左右拨动左摇杆切换选项，回车键或遥控器 C2 键确认，退格键或遥控器 C1 键返回。

图 5.1.5　DJI Flight 飞行模拟主画面

技能训练模块包括学习起飞、降落、航线飞行和悬停等飞行技能；自由飞行中可自由切换不同环境和飞行方式，积累更多飞行经验；娱乐模块中，包括公路竞速和隧道穿越；应用训练模块中，企业标准版仅包含搜索救援，电力专业版则包含电力巡检的专业作业流程。各版本的功能如表 5.1.1 所示。

表 5.1.1　DJI Flight 模拟器三种版本功能选择

功能	用户体验版	企业标准版	电力专业版
消费级无人机	√	√	√
通用设置	√	√	√
自由飞行&娱乐	√	√	√
三款行业无人机		√	√
高级参数设置	√	√	√
技能训练与考核		√	√
应用训练——搜索救援		√	√
应用训练——电力巡检			√

（3）飞行器界面。

选择并进入某一功能模块后，需要接着选择飞行模拟时使用的飞行器模型。例如，在主界面通过遥控器左摇杆上下选中技能训练模块，然后选择飞行器模型经纬 M210 RTK，如图 5.1.6 所示。

图 5.1.6　经纬 M210 RTK

御 Mavic 2 Enterprise、悟 Inspire 2、经纬 Matrice M210 RTK 属于企业标准版中可选择的三种机型。以及界面左下方显示飞行器的基本特性，右上方显示飞行器的基本参数，最下方显示操作提示，以及操作者可使用遥控器或者键盘切换查看的内容及视角。界面操作如表 5.1.2 所示。

表 5.1.2　飞行器界面操作

动作	遥控器操作	键盘操作
切换飞行器	左右拨动左摇杆	A/D 键
查看特性	上下拨动左摇杆	W/S 键
调整视角	任意拨动右摇杆	←↑↓→
切换配件（仅使用 Mavic 2 Enterprise 机型）	录像按键	空格键

（4）训练子模块选择界面。

选择飞机后确认进入训练子模块界面（详见任务 2、3、4）。需注意，选择训练子模块过程中，使用键盘 A/D 或者遥控打杆左右来实现，如果使用键盘 W/S 或者遥控打杆上下，则为切换四个训练主模块。

2. 模拟器的设置

模拟器的设置包含一般设置（如图 5.1.4 所示）、遥控器与键盘设置（如图 5.1.7、5.1.8、5.1.9、5.1.10 所示）与高级设置（在飞行模拟关卡界面调出）。

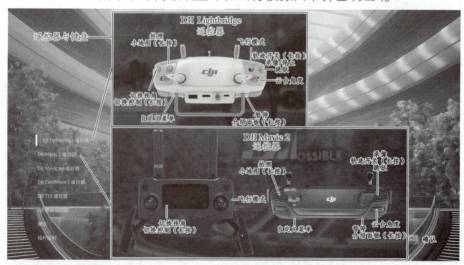

图 5.1.7　遥控器的设置

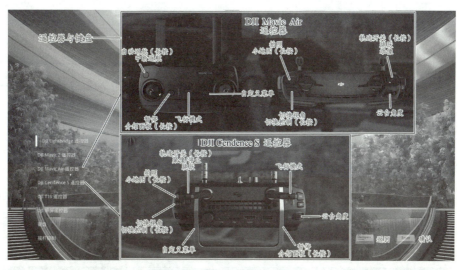

图 5.1.8　遥控器的设置

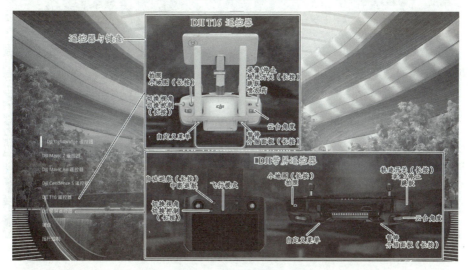

图 5.1.9　遥控器的设置

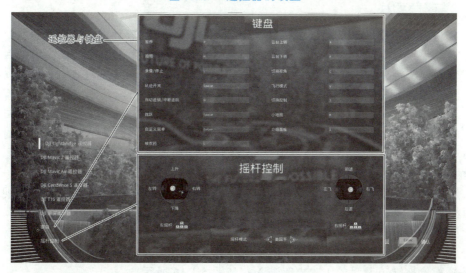

图 5.1.10　键盘与摇杆的设置

知识点 3　DJI Flight 模拟器的更多功能

1. 模拟器任务暂停

在关卡内，按遥控器 C1 按键或键盘 P 键可暂停任务，进入暂停界面。用户可在界面菜单中选择接下来的操作。

（1）继续：返回关卡内继续任务。

（2）重新开始：重新开始此关卡。

（3）选择关卡：返回关卡选择界面，可重新选择关卡。

（4）返回主菜单：返回到主界面。

（5）航拍相册：与主界面中的相册选项相同。

（6）设置：包含主界面中的设置项（一般设置、遥控器与键盘设置），另增加高级设置选项，如图 5.1.11 所示。

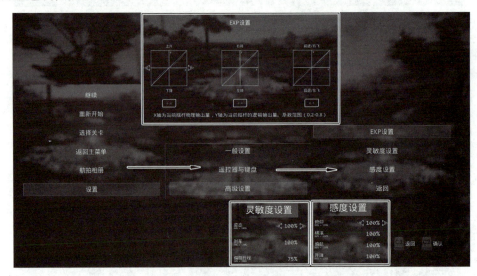

图 5.1.11　高级设置

2. 视角切换

在自由飞行模块及应用训练模块中，飞行模拟器提供五种视角：跟随视角、FPV 视角、飞手视角、图传视角、第三人称视角。在其他模块中，由于考核内容的关系，只可切换部分视角。按遥控器右上角按钮或键盘的 C 键便可切换视角。

（1）跟随视角——摄像机在飞行器后方，始终跟随飞行器移动。用户无法操作摄像机朝向，如图 5.1.12 所示。

（2）FPV 视角——飞行器相机的视角（第一人称视角），显示相机画面同时叠加 App 界面的信息。App 显示与 DJI 应用程序的相机界面基本一致，用户可查看 App 界面的状态显示，但仅可对相机参数进行设置，如图 5.1.13 所示。

（3）飞手视角——以人的视角看向飞行器位置，与现实世界操作飞行器的视角类似。如图 5.1.14 所示。

（4）图传视角——以人的视角看向手中的遥控器，如图 5.1.15 所示。

（5）第三人称视角——以第三人称的视角看向飞手。此视角模式切换特殊，需按遥控器暂停按键或键盘的 J 键才能进入，如图 5.1.16 所示。

小提示：FPV 视角和图传视角下，使用鼠标点击 App 界面右侧中间图标，进入拍摄参数设置菜单，可选择网格显示。Z30 云台相机具备 30 倍光学变焦及 6 倍数码变焦功能。使用经纬 Matrice 210 RTK 飞行器时，在 FPV 视角和图传视角下，可以使用鼠标在 App 界面进行变焦操作，包含指点变焦与手动变焦，详细内容参考官方手册。

图 5.1.12　跟随视角

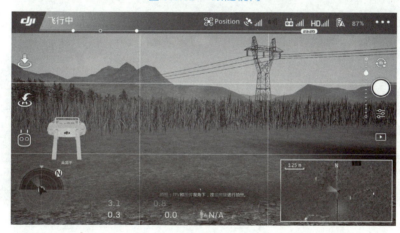

图 5.1.13　FPV 视角

图 5.1.14　飞手视角

图 5.1.15　图传视角

图 5.1.16　第三人称视角

3. 自定义设置

在自由飞行模块中，模拟器利用强大的物理引擎，在飞行模拟中重现了多种飞行环境细节，提供可自定义的多维度参数，如昼夜交替的光源、环境风、天气变化等，如图 5.1.17 所示。以帮助用户获得训练反馈，提升训练效率。具体操作如下：

（1）在自由飞行模块的关卡中，按遥控器的 C2 按键或按键盘的回车键，在屏幕右侧弹出自定义设置界面。

（2）使用鼠标调节控制、难度、环境等参数。

（3）点击"恢复初始设置"，则所有参数还原为系统默认的初始设置，再点击"保存当前设置"进行保存。

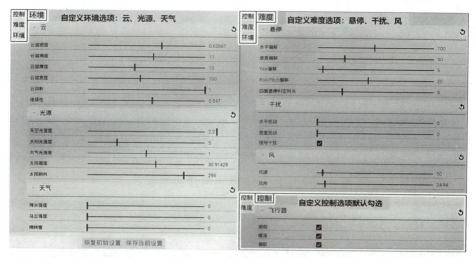

图 5.1.17　自定义设置

4. 飞行模式切换

模拟器的飞行模式和实际操作完全一致，支持定位模式（P）、运动模式（S）和难度较大的姿态模式（A）。

P 模式（定位）：使用 GNSS 模块或视觉定位系统进行定位，可实现飞行器的精确悬停及自动刹车。

A 模式（姿态）：不使用 GNSS 模块及视觉定位系统进行定位，仅提供姿态增稳。会使操控难度将大大增加。

S 模式（运动）：使用 GNSS 模块或视觉定位系统进行定位，可实现飞行器精确悬停及自动刹车。S 模式下飞行速度较快，务必格外谨慎地飞行。

5. 飞行器的其他功能

（1）自动返航：飞行模拟器提供三种自动返航，分别为智能返航、低电量返航和失控返航。

（2）拍照及录像：在 FPV 视角及图传视角下，通过遥控器或键盘可进行拍照及录像操作。在主界面及暂停界面均可进入相册查看已拍摄的照片及视频。

（3）飞行高度限制：飞行高度限制用于将飞行器的飞行高度限制在 500 m 内。

（4）信号干扰：在部分场景的飞行过程中，会随机加入信号干扰，这将导致图传和控制异常，此功能旨在训练用户的应急处理能力。

6. 小地图与飞行轨迹显示

小地图显示功能，在跟随视角和飞手视角下，当前场景缩略图将以小地图的形式显示在屏幕右下角。小地图中标记了起飞点位置，并显示已飞行的轨迹。除技能训练模块的教学模式以及娱乐模块外，其余场景均可使用小地图，方法是长按遥控器拍照按键或按一次键盘 M 键打开/关闭小地图。

轨迹显示功能可在空中显示飞行器飞行轨迹，长按遥控器录影按键或按一次键盘空格键，便可开启或关闭轨迹显示。

任务 2　技能训练与考核模块

本模块只在企业标准版中才有。首先，选择飞行器模型后即可进入训练模式选择界面，如图 5.2.1 所示。其次，可看到技能训练子模块包含教学、悬停考核、航线考核、慧飞电力巡检考核、慧飞安防考核、DJI 内部飞行技能考核。最后，选择训练关卡，完成训练任务。下面分别介绍每个子模块包含的内容。

图 5.2.1　技能训练子模块

1. 教学模块

教学模块提供飞行器入门教学指引，让使用者从零开始学习飞行器的基础操作，本模块共 3 关，分别是基础飞行操作指引、拍摄操作指引、飞行式切换指引，如图 5.2.2 所示。

图 5.2.2　教学模块

2. 悬停考核

提供一系列虚拟的考试场景，辅助练习并测试悬停技能。本模块共7关，分别是单点悬停、多点悬停、定向悬停、四面悬停、单点悬停（抗风）、多点悬停（抗风）、四面悬停（抗风）。关卡难度逐渐增加，并加入了风的扰动因素，如图5.2.3所示。

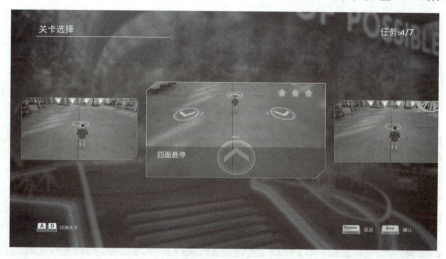

图 5.2.3　悬停考核

3. 航线考核

航线考核模块下，让飞手在既定路线下使用姿态档（A档）进行视距内飞行，考核其对于飞行器的移动控制能力。模块共8关，分别为矩形航线（俯视）、矩形航线、正方形航线（俯视）、正方形航线、圆形航线（俯视）、圆形航线、8字航线（俯视）、8字航线。轨迹路径不同，难度也不同，如图5.2.4所示。

在规定航线下通过终点后会展示飞行器所飞过的航线，并且系统会将其与要求航线进行匹配评分以判定考核人是否过关。该模式下存在一定的视差，这也是在现实飞行中需要克服的问题。

图 5.2.4　航线考核

4. UTC 电力巡检考核

UTC 电力巡检考核模块包含根据 UTC 慧飞电力巡检实操考核流程制定的系列考试场景。本模块共 6 关，分别是作业前准备、巡航作业考核、稳定悬停作业考核、多维作业考核、超视距作业考核、作业结束，如图 5.2.5 所示。

图 5.2.5　UTC 电力巡检考核

5. UTC 安防考核

UTC 安防考核模块包含根据 UTC 慧飞安防实操考核流程制定的系列考试场景。本模块共 5 关，分别是作业前准备、稳定悬停作业考核、超视距取证作业考核、作业结束考核，如图 5.2.6 所示。

图 5.2.6　UTC 安防考核

6. DJI 内部飞行考核

DJI 内部飞行考核模块包含根据 DJI 内部培训的实操考核流程制定的系列考试场景。本模块共 6 关，分别是飞行前准备、起飞降落考核、矩形航线考核、圆形航线考核、悬停考核、飞行结束，如图 5.2.7 所示。

图 5.2.7　DJI 内部飞行考核

任务 3　自由飞行与娱乐模块

本模块属用户体验版。在主界面选择"自由飞行",然后选择"飞行器模型",即可进入模式选择。自由飞行模块包括自由飞行之农田、训练场、城市、海岛、山地、森林与自定义场景等模式。下面将分别介绍每个模式所包含的内容,自由飞行子模块界面如图 5.3.1 所示。

扫码观看 DJI Flight 模拟器
自由飞行与娱乐模块的使

图 5.3.1　自由飞行子模块

首先,在主界面选择"娱乐",然后选择飞行器模型,即可进入模式选择。娱乐模块包括公路竞速、隧道穿越。下面将分别介绍每个模式所包含的内容,如图 5.3.2 所示。

图 5.3.2　娱乐子模块

1.　自由飞行-农田植保

该模式下建议选择 T16 植保机,并打开右下角小地图显示,飞行中注意保持高度与速度,该模式共 1 关,仅支持飞手视角与跟随视角,如图 5.3.3 所示。

图 5.3.3　自由飞行—农田植保

2. 自由飞行–训练场

该模式为在室内场馆进行自由练习与体验，共 1 关，开始进入场景时，有对系统功能进行教学。

3. 自由飞行–城市

该模式为在高楼林立的城市中自由穿梭，共 5 关，可在 5 个不同的起飞点起飞，在第一关有对系统功能进行教学。

4. 自由飞行–海岛

可在该模式下领略美丽的海岛风光，共 4 关，可在 4 个不同的起飞点起飞，在第一关有对系统功能进行教学。

5. 自由飞行–山地（企业标准版专属）

可在该模式下感受山间美景，共 3 关，在第一关有对系统功能进行教学，如图 5.3.4 所示。

图 5.3.4　自由飞行—山地

6. 自由飞行-森林（企业标准版专属）

可在该模式下感受葱郁森林的自然风光，共 3 关，在第一关有对系统功能进行教学，如图 5.3.5 所示。

图 5.3.5　自由飞行—森林

7. 自由飞行-自定义场景

支持用户自行导入三维模型，编辑、保存和读取自定义关卡进行模拟飞行，在自行搭建的场景里享受自由飞行的乐趣。

8. 娱乐模块-公路竞速

沿固定线路进行飞行，飞行器必须依次穿过每个检查点，用时越短评级越高，共 6 关，难度依次升级。

9. 娱乐模块-隧道穿越

在隧道中穿越能量环便可获取得分，高速穿越可获得额外分数奖励和评价，共 1 关。

10. 娱乐模块-收集泡泡

在飞行栈道沿路收集泡泡，飞行器在越短的时间内收集到足够多泡泡，评级越高，共 1 关。

任务 4　电力巡检与搜索救援模块

本模块为电力专业版独有,企业标准版仅包含搜索救援模块。首先在图 5.1.5 主界面选择应用训练,然后选择飞行器模型,即可进入模式选择。下面将分别介绍每个模式所包含的内容。

1. 电力巡检

无人机电力巡检是指使用无人机对电力设施进行空中检查,以确保设施的安全运行和及时发现可能存在的问题。电力巡检的主要工作内容有:一是精细化巡检,巡视线路上绝缘串挂点、引流线/杆塔、绝缘子情况;防震锤、线夹、导线情况。精细化巡视包括可见光巡视和红外成像巡视。二是通道巡视,巡视走廊位置、环境信息、地面通道隐患。三是建模,建模可将点云模型导入第三方平台进行树障分析,还可通过精确通道模型矢量图,系统自动根据线路特征及实际巡视经验生成一条航迹及载荷控制指令,以供精细化巡检。建模包括激光雷达建模和可见光建模。

大疆飞行模拟包含日常巡线和精细化巡塔等作业流程。共 2 关,包含熟悉塔型、巡检自由训练,如图 5.4.1 所示。

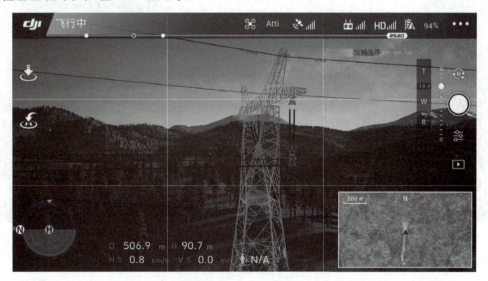

图 5.4.1　电力巡检

使用经纬 Matrice 210 RTK 飞行器搭载 Z30 云台相机(具备 30 倍光学变焦及 6 倍数码变焦功能),在 FPV 视角和图传视角下,可以使用鼠标在 App 界面进行变焦操作,通过指点变焦和手动变焦(点击 T 为放大,W 为缩小),完成精细化巡塔。

2. 搜索救援

该模式为在演习场景中演练搜索救援的全流程,了解并掌握飞行器搜索策略。共 1 关,在附近的树林处搜寻走失的男性登山者。如图 5.4.2、5.4.3 所示。

图 5.4.2　搜索救援模块界面

图 5.4.3　搜索救援

模块 6 RealFlight 模拟器进阶运用

RealFlight 专业模拟器功能强大，为提升学员对模拟器高级技能的掌握，本节重点安排飞机编辑、机场编辑、飞行挑战赛、多人竞技的四项训练任务，着重服务于模块 1～模块 5 的飞行技能训练科目，参照实际需求提升相关技能。最后，结合 RealFlight 模拟器在无人机设计中强大的协同仿真功能，演示实战流程，拓宽虚拟仿真技术的运用范围。

 知识目标

1. 掌握模拟器飞机编辑界面的功能，理解关键参数设置。
2. 掌握模拟器机场编辑界面的功能，熟悉关键部件。
3. 熟悉多人竞技的战斗事件与系统预定制的游戏列表。
4. 掌握 RealFlight 模拟器协同仿真的使用流程与功能配置。

 技能目标

1. 能根据需求修改飞机的关键参数。
2. 能根据需求编辑、优化机场，定制专用的飞行场景。
3. 能合理运用挑战赛项目，训练多旋翼、固定翼、直升机的飞行技能。
4. 能完成多人竞技主机网络搭建、竞技环境选配与飞行操控。
5. 能按生产现场管理 6S 标准，清除现场垃圾并整理现场。

任务 1　飞机编辑

RealFlight 7.5 为用户提供强大的编辑或修改飞机的功能，可以添加和删除组件，改变组件的位置，更改翼型参数等。在"飞机"菜单，点击"编辑当前飞机"，如图 6.1.1 所示。

扫码观看 RealFlight 飞机编辑

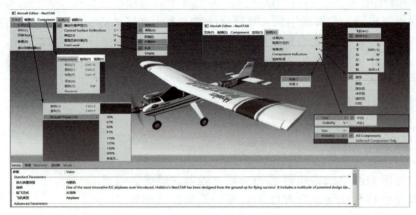

图 6.1.1　飞机编辑器

其中，"编辑"菜单的 Rescale physics to 选项，用于更改飞机的物理参数，默认 100%，可选择一个预定百分比或自定义所需百分比。"Component"中的"Rename"为重命名。

"选项"菜单中"Control Surface Deflections" 涉及下面"物理"项中的舵面偏转的可修改类型范围，"简单"方式只能修改舵面角度参数的最大偏转数，"高级"方式有 3 种修改，可修改舵面最大、最小和中心偏转的数值。

在编辑过程中电机正常运行，单击"选项"菜单中"Fuel Level"选择燃油油位，默认油位满的"Fuel"，若选择"Empty"则将燃油油位设置为空，将消除电机运行。

"组件视图"菜单提供了编辑预览窗口中飞机视角的选择功能，建议默认。

飞机编辑器界面下部包括五项内容，分别为设备、物理组件、电气部件、遥控器及视觉效果，以下依据三种结构类型的飞机模型来学习。

知识点 1　固定翼模型参数编辑

本节以 Thunderbolt Sbach 35%固定翼模型为例，讲解飞机编辑模型参数。该模型以斯洛伐克航空的原型 Sbach 342 特技运动飞机为原型，翼展 2.64 m，机长 2.37 m，起飞重量 11.48 kg，翼面积 1.48 m²，翼载荷 77.32 g/dm²，如图 6.1.2 所示。

1. 设备

"vehicle"选项卡仅显示"参数"窗口和"说明"窗格，如图 6.1.2 所示。

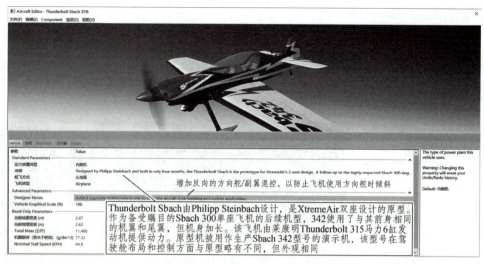

图 6.1.2　设备

（1）基本参数。

设备动力装置类型包含 5 个可选项，分别为涡轮发动机（Turbine Engine）、涡轮螺旋桨发动机（Turboprop Engine）、无动力（Unpowered）、电动机、内燃机。默认内燃机。

起飞方式类型包含 6 个可选项，空中牵引（Aero Tow）、弹射（Bungee）、手动发射（Discus Launch，类似扔铁饼的方式）、手动发射（Hand Launch）、从地面、从水面。默认从地面

飞机类型包含 2 个可选项，固定翼（Airplane）和旋翼机。

（2）高级参数。

控制着用于此飞机的视觉模型的显示比例（默认 100）。

（3）禁止修改的原规格参数。

包含当前绘图宽度，当前飞机长宽、总质量、翼载荷、标称失速速度。

2. 物理组件

此项允许查看和编辑飞机的物理组件，如机身、机翼和控制舵等，如图 6.1.3 所示。

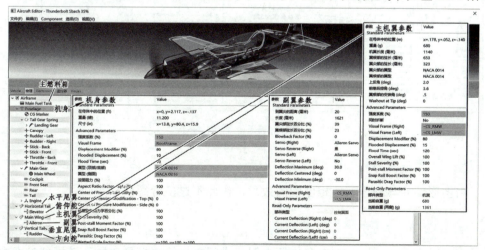

图 6.1.3　物理组件

3. 电气部件

在"Electronics"选项卡，可查看和编辑飞机电子设备的参数。例如，舵机伺服系统参数，如图 6.1.4 所示，在电气伺服全部参数项中，对应各操控通道编号与输出舵量，可查看数值变化并对应舵面变化。

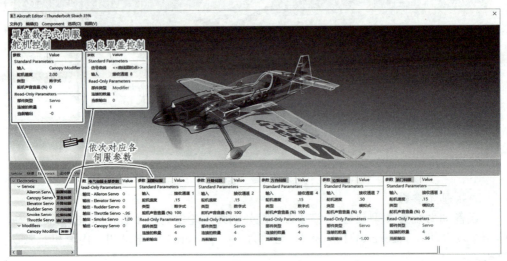

图 6.1.4　电气部件

4. 遥控器

若要查看和修改飞机的内置遥控通道编程，可选择此选项，如图 6.1.5 所示。

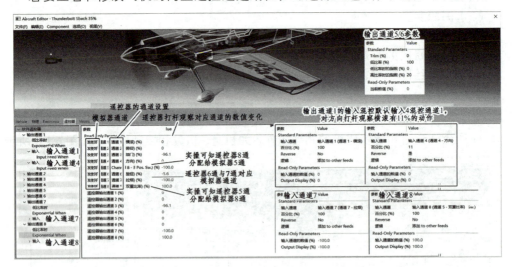

图 6.1.5　遥控器

5. 视觉效果 Visual

将图形部件与物理部件相匹配的效果，在此不过多介绍。

知识点 2　多旋翼模型参数编辑

下面以 Octocopter S1000 多旋翼为例，讲解飞机编辑模型参数。该模型参考大疆

Spreading Wings S1000 + 大八轴专业级航拍无人机，轴距 960 mm，全机重量 6.88 kg，电池使用 LiPo（6S2P），容量 10 000 mAh，动力装置采用 XM5010-KV340，如图 6.1.6 所示。

1. 设备 vehicle

"vehicle"选项卡包括基本参数、高级参数和禁止修改的原规格参数，知识点同上。

图 6.1.6　设备

2. 物理组件

此项允许查看和编辑飞机的物理组件，如机身、机臂、云台、起落架等，如图 6.1.7 所示。

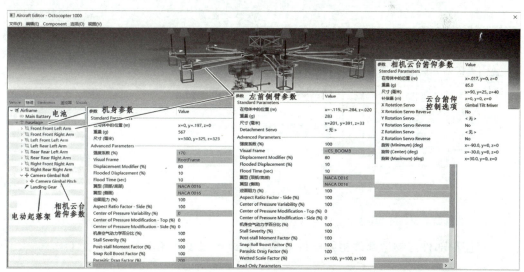

图 6.1.7　物理组件

3. 电气部件 Electronics

"Electronics"选项卡，查看和编辑飞机电子设备的参数，例如飞行模式控制（默认飞行模式设置自稳、定高和悬停）、PID 设置、云台相机控制等，如图 6.1.8 所示。

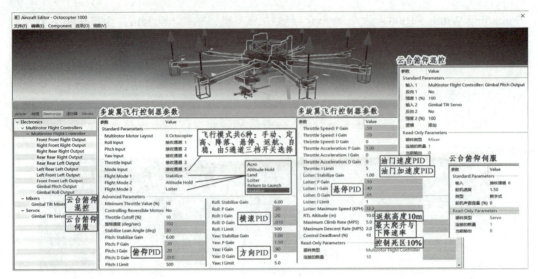

图 6.1.8　电气部件

4. 遥控器

若要查看和修改飞机的内置遥控通道编程，可选择此选项，如图 6.1.9 所示。注意，飞行模式为三档开关，相机云台通道为旋钮开关。

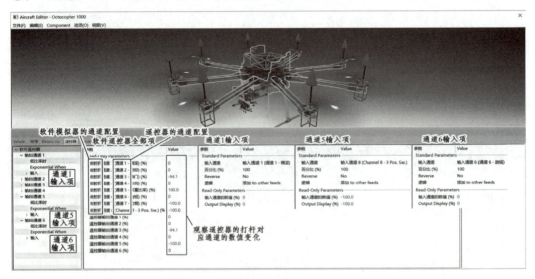

图 6.1.9　遥控器

5. 视觉效果 Visual

将图形部件与物理部件相匹配的效果，在此不过多介绍。

知识点 3　直升机模型参数编辑

下面以 KDE 700 直升机模型为例，讲解飞机编辑模型参数。该模型参考亚拓 Align T-Rex 700E，机身长 1 560 mm，机身高 400 mm，整机全重 5 kg，主旋翼长 690 mm，电池 12S1P，电池容量 5 000 mAh。动力装置采用 KDE700XF-495，齿轮传动比 8.21：1，如图 6.1.10 所示。

1. 设备 vehicle

"vehicle"选项卡包括基本参数、高级参数和禁止修改的规格参数，知识点同上。

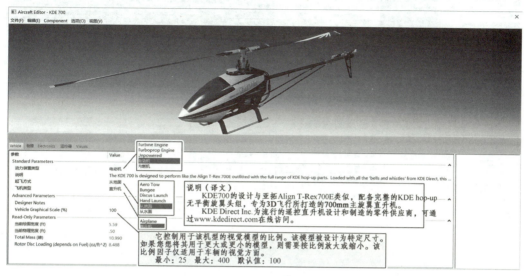

图 6.1.10　设备

2. 物理组件

此项允许查看和编辑飞机的物理组件，如机身、直升机机械、主旋翼、尾桨等，如图 6.1.11 所示。

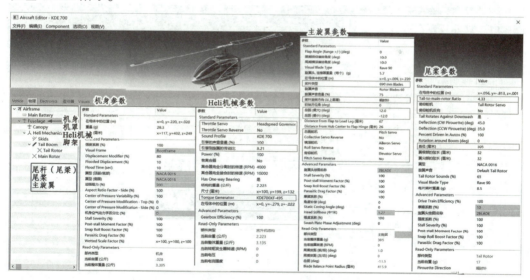

图 6.1.11　物理组件

3. 电气部件 Electronics

"Electronics"选项卡，查看和编辑飞机电子设备的参数，例如，各通道的伺服控制、三轴陀螺仪辅助、油门锁等，如图 6.1.12 所示。

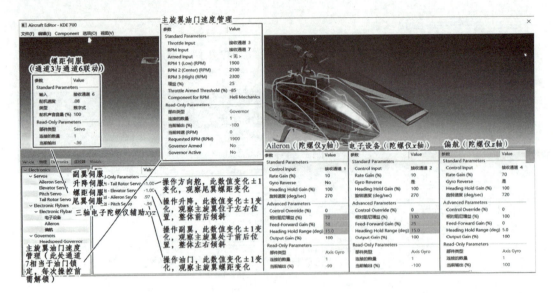

图 6.1.12　电气部件

4. 遥控器

若要查看和修改飞机的内置遥控通道编程，可选择此选项，如图 6.1.13 所示。切换开关后注意观察：飞行模式普通或 3D 飞行、是否使用模拟器内置混控、是否使用模拟器内置 D/R 与 Exp（详见图 4.1.3 及内容）、油门是否锁定。

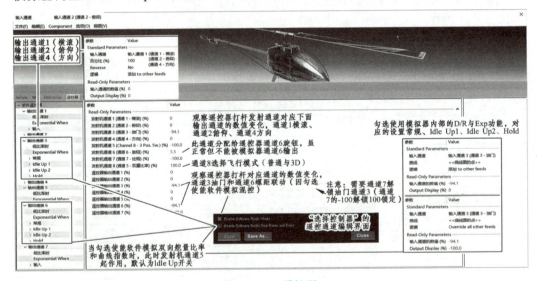

图 6.1.13　遥控器

5. 视觉效果 Visual

将图形部件与物理部件相匹配的效果，在此不过多介绍。

任务 2 机场编辑

RealFlight 7.5 提供强大的自由编辑飞行场地的功能。可以添加和删除对象，更改其位置，旋转对象与调整项目大小，还可以改变各个飞行位置的大气或照明条件。

扫码观看 RealFlight
机场编辑

书中新训练机场的编辑结合飞行的实际需求制定，机场编辑任务基于多旋翼和固定翼的训练指导，为提升训练技能，同时考虑新建机场的美观性，均由模拟器原机场改造而成。该任务主要包含 4 个机场编辑知识点：多旋翼自旋 360°机场、多旋翼水平"8"字机场，固定翼五边航线机场、固定翼水平"8"字机场。

进入机场编辑器，在"文件"菜单打开当前编辑的机场，修改退出后会自动提示另存为新的文件名。"窗口"菜单默认全部勾选，如图 6.2.1 所示，图中分别对应显示 4 个子界面。分别为文件夹及对象清单列表、对象属性（点击文件中部件后显示其属性）、部件对象选项及预览（窗口顶部的预览框和底部的对象列表）、机场飞行预览。

编辑器中"编辑"用于对各种文件夹和对象进行选定，而后进行复制、粘贴、删除等操作。选择复制 Pilot Spawn 生成一个操作员（删除原操作员后方可生效），单击 Set As Default Pilot Spawn 退出编辑，每次加载当前机场时，将此操作员视角默认为开始视角位。

编辑器中"视图"菜单，在编辑场景时改变摄像机视角，方便查找场景对象。有四种不同的视图模式：Fly Camera、Pan Camera、Pivot Camera 和 Normal Camera，其中平移与旋转相机被经常用到，键盘"Z"键退出，并将相机恢复为正常或默认视角；在"视图"菜单选择中心视图，有利位置集中在特定对象上，利于重新定位、调整大小、旋转等编辑；选择合适视图，可在场景中突出显示对象，如果尚未从"文件夹列表"中选择对象，此两项保持为不活动状态（呈现灰色显示）；"放大"与"缩小"操作一般借助鼠标滚轮来操作，也可使用快捷键"+"和"−"。

编辑器中的"选项"菜单，用来对机场编辑器功能进行调整，包含可选项、添加对象分组和旋转捕捉，一般默认。菜单下面英文译文"显示公制单位"默认勾选，默认单位为 m、cm、kg。

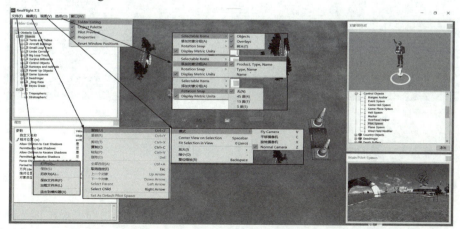

图 6.2.1 机场编辑器

知识点 1　多旋翼四面悬停与自旋 360°机场编辑

多旋翼四面悬停与自旋 360°所需机场是基于 F3C 方框添加警示桩辅助。

点击"选择机场"后选中"Obstacle Course",进入"编辑 Obstacle Course",添加 4 个警示桶和 1 个中心地标,退出编辑,机场另存为"Obstacle Course Pro",如图 6.2.2、6.2.3 所示。

注意,F3C 方框边框默认 9 m,由于原机场中心地标圆圈直径小,故将圆圈直径替换为 3 m,方便训练评分。在图 6.2.3 中,左上角为物理速度设置,左下角为相对高度,右上角为悬停计时,右下角为遥控器实时打杆。

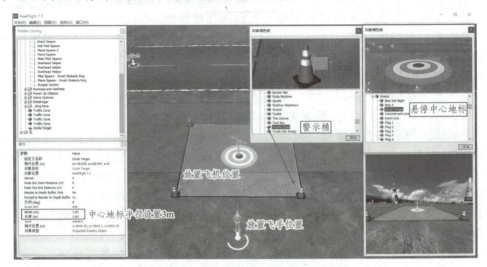

图 6.2.2　四面悬停与自旋 360°机场编辑

图 6.2.3　Obstacle Course Pro 机场

知识点 2　多旋翼绕圈与水平" 8 "字机场编辑

1. 绕圈机场编辑

多旋翼绕圈训练所需机场主要使用圆线条航线,模拟飞行和真机操控训练都可以借助足球场的中心圆圈白色线来辅助进行,该项机场编辑经改进后添加 8 个标志物。

点击"选择机场"，选中足球场"Soccer Field"，点击"编辑 Soccer Field"，添加8 个跑道灯作为转弯标志，点击选中飞手和旋翼机图标，移动放置到如图 6.2.4 中的新位置，飞手自身高度 z 轴可补偿 3~8 m，扩大观察视野。退出编辑，机场另存为"Soccer Field Pro +"。

训练时，建议"缩放类型"中选"手动"，太阳倾角调整 90°。可以尝试"摄像机类型"由固定位置更改为第一视角"Gimbal"，调节云台俯仰，训练时保证观察到前方地面线条与影子重合，方便沿着曲线运动时的运镜。如图 6.2.4、6.2.5 所示。

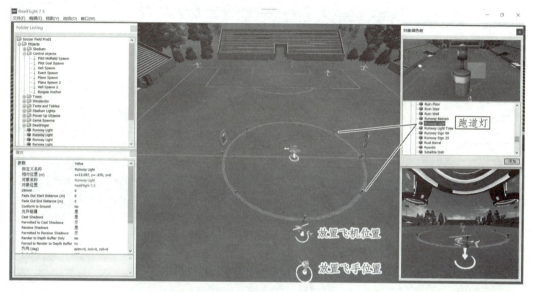

图 6.2.4　绕圈机场编辑

图 6.2.5　绕圈机场编辑

2. 多旋翼水平"8"字机场编辑

RealFlight 模拟器原始场景中没有多旋翼水平"8"字机场，需要自行编辑添加两个白色航线圈和 7 个警示桩。

点击"选择机场"，选择足球场"Soccer Field"后运行。点击"编辑 Soccer Field"，添加圈和警示桩两个零部件，点击飞手和旋翼机图标，移动放置到新位置，圈的直径更改为 10 m，飞手自身高度 z 轴可补偿 0.5 m，扩大视野观察。飞手和旋翼机的重置初始朝向角度更改 0°（目视为正前方）。退出编辑，机场另存为"Soccer Field Pro"。如图 6.2.6、2.3.2 所示。

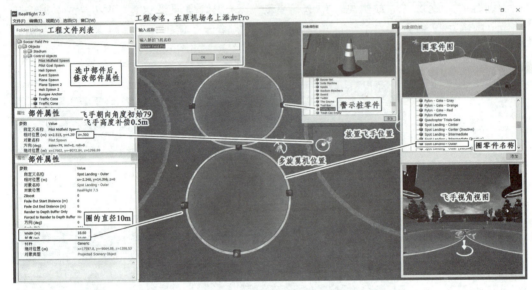

图 6.2.6　水平"8"字机场

知识点 3　固定翼五边航线机场编辑

若要空中飞出完美的矩形航线，机场至少辅助四角转弯控制点标志物。点击"编辑机场 Evergreen Airport"，先添加 F3C 方框"HeilPad F3c2"，修改长与宽均为 300 m；再添加警示杆、警示桩、水平地标杆。垂直警示杆高度 12 m，将 4 个警示杆依次放置在四角；警示桩放置在圆心，高度修改为 5 m；水平地标杆宽度 33 m；最后，退出编辑完成地面标志物的设置，名字另存为"Evergreen Airport Pro"，如图 6.2.7 所示。

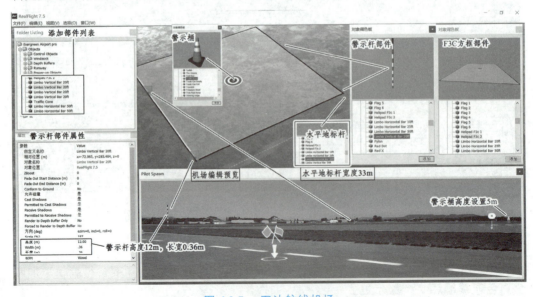

图 6.2.7　五边航线机场

知识点 4　固定翼绕圈与水平"8"字机场编辑

1.　绕圈航线机场编辑

若要空中飞出完美的圆形航线，至少需要辅助 4 个圆边切点，如图 6.2.8 所示。点击"编辑机场 Evergreen Airport"，先添加 F3C 方框"HeilPad F3c2"，修改长与宽 250 m，再添加蓝色圈和警示桩，篮圈直径 220 m，警示杆高度 16 m 且长度与宽度 0.8 m，将 4 个警示杆依次放置到圈的切点，最后修改蓝色圈的相对位置 z 轴 30 m，高度提升到适合位置，方便飞手观察航线。完成绕圈航线的地面与空中标志物的设置，退出编辑，文件名另存为"Evergreen Airport Pro"。

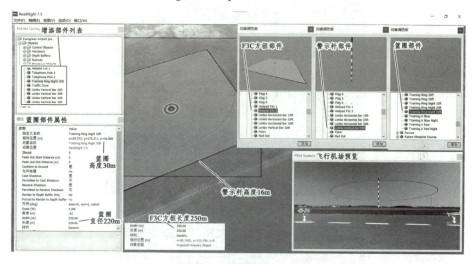

图 6.2.8　绕圈航线机场

2.　水平"8"字机场编辑

若要空中飞出完美的水平"8"字航线，至少需要辅助 7 个圆边切点，如图 6.2.9 所示。点击"编辑机场 Evergreen Airport"，先添加 F3C 方框"HeilPad F3c2"，修改长与宽 300 m，再添加蓝色圈和警示桩，篮圈直径 150 m，警示桩高度 0.8 m，将 7 个警示桩依次放置到圈的切点，然后修改蓝色圈的相对位置 z 轴 30 m，高度提升到适合位置，方便飞手观察航线。到此，便完成了水平"8"字航线的地面与空中标志物的设置。最后，退出编辑，文件名另存为"Evergreen Airport Pro +"。

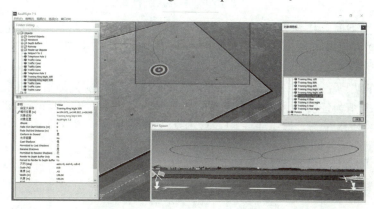

图 6.2.9　水平"8"字航线机场

任务 3 任务挑战赛

"竞赛"菜单提供多种飞行挑战赛场景，以游戏闯关方式，使学员在磨炼飞行技巧的同时，又使他们获得了乐趣，如图 6.3.1 和 6.3.2 所示。可用的挑战赛列表共有 8 种，其中固定翼 5 种、直升机 1 种、多旋翼 2 种。挑战后右侧都会显示进度（达对应分值可获得奖牌），在顶部，显示固定翼和旋翼机的当前进度得分以及总分。

图 6.3.1　挑战赛列表 1

图 6.3.2　挑战赛列表 2

在参与挑战时，初始界面上方会显示当前挑战相关的信息以及获取铜牌的必要分值，下面有 Level 难度级别选项。左下角点击"Back"退回主界面，右下角点击"Fly"开始飞行。

点击"Fly"后，再点击"instructions"便可以查看当前挑战赛的飞行动作说明文档，界面左上角为任务数和任务规定时间，界面右上角为暂停和重新启动。下面列出 8 种挑战赛的使用技巧，以下每张图均包含关卡选择及动作说明文档。

1. Air Race—固定翼空中穿门

飞过指定数量的大门，如图 6.3.3 所示，图中含动作的英文说明。

图 6.3.3　固定翼空中穿门

2. Balloon Burst—固定翼刺破气球

刺爆指定数量的气球，如图 6.3.4 所示，图中含动作的英文说明。

图 6.3.4　固定翼刺破气球

3. Grapple—直升机拾取与投放

悬停到指定对象物品上方，使用双速率开关（遥控器 5 通道开关），拾取物品并投放到指定位置，如图 6.3.5 所示，图中含动作的英文说明。

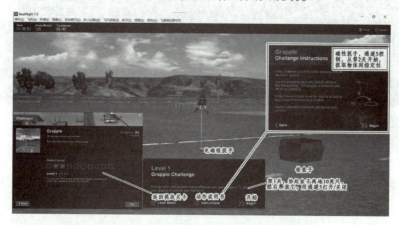

图 6.3.5　直升机拾取与投放

4. Limbo—固定翼穿低门框

操控固定翼高速通过低矮的门框栏杆，如图 6.3.6 所示，图中含动作的英文说明。

图 6.3.6　固定翼穿低门框

5. Quadcopter Trials—多旋翼定点降落与穿门框

四轴飞行器穿过许多方框障碍物，降落到指定平台，如图 6.3.7 所示，图中含动作的英文说明。

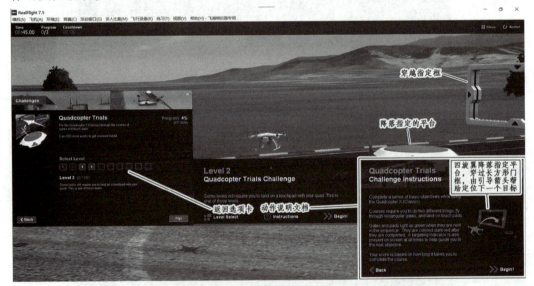

图 6.3.7　多旋翼定点降落与穿门框

6. Ring Race—固定翼穿圆环

采用第一视角飞行，飞过每个绿色圆环，如图 6.3.8 所示，图中含参考动作的英文说明。

图 6.3.8 固定翼穿圆环

7. Scavenger Hunt—多旋翼 FPV 穿越机寻宝拍照

在第一视角下多旋翼飞行，寻找场景内红色框突出显示的对象并拍照，如图 6.3.9 所示，图中含动作的英文说明。

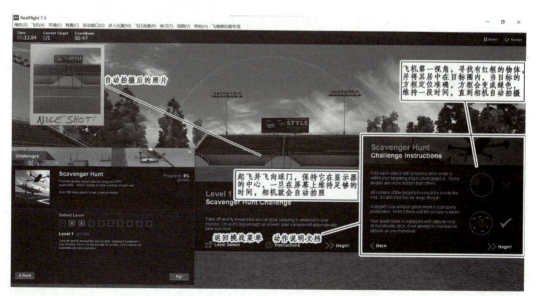

图 6.3.9 多旋翼 FPV 穿越机寻宝拍照

8. Spot Landing—固定翼现场定点着陆

必须能够准确降落在跑道上的目标上，越靠近目标中心，获得的积分越多。如图 6.3.10 所示，图中含动作的英文说明。

图 6.3.10　固定翼现场定点着陆

任务 4　多人比赛

在多人游戏菜单中允许访问各种与多人游戏相关的功能。RealFlight 7.5 模拟器支持两种多人在线连接的方法：通过 LAN（局域网）和通过互联网。在多人会话界面，需要先有主持人启动多人游戏会话，之后其他参与者便可以加入。

1. 多人竞技的两种方式

打开"多人比赛"菜单栏，点击"加入"项，便能加入有主持人发起会话的比赛。如图 6.4.1 所示。

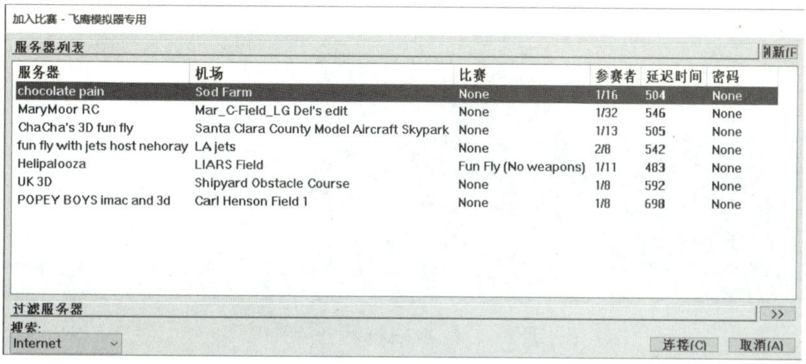

图 6.4.1　加入比赛服务器列表

打开"多人比赛"菜单栏，点击"主机"项，便能让本机充当主持人发起多人游戏会话。先后填入赛事名称、最大人数，选择在线方式（Internet 或 LAN）、密码保护、使用比赛列表，便可以启动多人游戏，如图 6.4.2 所示。选择"Internet"，网络上的任何人都可以连接到此会话，选择"LAN"，则必须通过同一本地网络进行连接。点击"主机"后显示服务器消息界面，开始多人游戏。

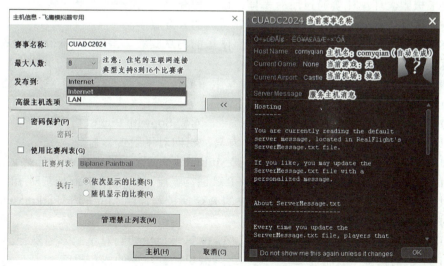

图 6.4.2　发起人主机设置

2. 选择战斗事件

"主机选项"该子菜单允许多人游戏会话的主持人有多种选项来启动、停止和管理事件。多人游戏会话主机服务建立后，选择菜单"主机选项"，点击"开始比赛"选择战斗事件，如图 6.4.3 所示。点击"断开连接"退出主机服务。

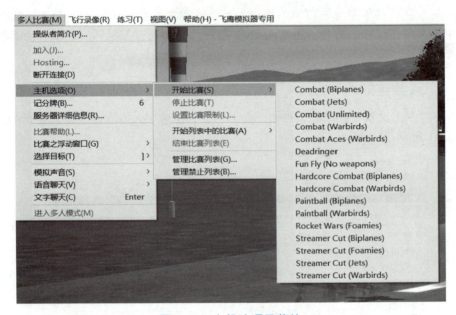

图 6.4.3   主机选项子菜单

战斗事件包含以下选项：

（1）战斗（双翼飞机）。使用机枪和火箭进行全面战斗，驾驶 Sopwith Pup 战机。

（2）战斗（喷气式飞机）。使用机枪和火箭进行全面战斗，驾驶 L-39 战机。

（3）战斗（无限制）。飞机选择由参与者决定。建议使用配备适当战斗装备的飞机。

（4）战斗（战鹰）。使用机枪和火箭进行全面战斗，驾驶 P-51 野马战机。

（5）战斗王（战鹰）。更具挑战性的战斗版本。

（6）极限套环。比赛通过所有吊环（以任何顺序），但不要在此过程中被击落。

（7）乐趣飞行。一项没有任何武器或得分的公开赛事。

（8）逼真战斗（双翼飞机）。 弹药有限量的仿真实战。驾驶 Sopwith Pup 战机只能从驾驶舱角度观察。

（9）逼真战斗（战鹰）。弹药和奖金有限量的仿真实战。驾驶 P-51 野马战机只能从飞行驾驶舱角度观察。

（10）彩弹射击（双翼飞机）。飞行战斗，驾驶 Sopwith Pup 战机发射彩弹。

（11）彩弹射击（战鹰）。驾驶 P-51 野马战机向对手射击彩弹。

（12）火箭对战（泡沫板飞机）。驾驶 Multiplex Parkmaster 并互相射击火箭。

（13）切割飘带（双翼飞机）。用传统 R/C 遥控器控制 Sopwith Pup 切割对手的飘带。

（14）切割飘带（泡沫板飞机）。传统的 R/C 遥控器控制 Multiplex Parkmaster 战机切割对手的飘带。

（15）切割飘带（喷气式飞机）。驾驶 L-39 第一视角切割对手的彩色飘带。

（16）切割飘带（战鹰）。驾驶 P-51 野马战机切割对手的彩色飘带。

进入对战事件后，在飞行界面最下方，可切换 6 ~ 8 种飞行视角，分别是第三视角、第一视角、相机在机身后方 20 m、相机在机尾、相机在驾驶舱、相机在机头、相机在机头注视驾驶员、相机在翼尖注视驾驶员，快捷键对应键盘的 F1 ~ F8。通道 5 开关控制机枪发射，通道 7 开关控制火箭弹发射，也可使用键盘快捷键 Y、I。

3. 游戏清单列表

RealFlight 7.5 包含许多预先配置的游戏列表。

在"主机选项"中点击"开始列表中的比赛"，在此窗口的右侧将显示计算机上可用的游戏列表，如图 6.4.4 所示。

图 6.4.4　开始列表中的比赛项目

4. 其他功能

"比赛帮助"窗口显示给所有参与游戏的人。注意：如果当前没有战斗事件，则此菜单选项为禁用，显示灰色。

战斗事件进行中时，将会出现一些分散在机场空中的 Power-Ups 图标。这些 Power-Ups 通过提供积分、额外的弹药、燃料和其他选手感兴趣的物品而使选手受益，如图 6.4.5 所示，各个图标依次为补充弹药、补充燃料（燃油或电量）、补充彩弹、重新装载火箭、奖励积分、维修飞机、获得临时免疫力、暂停对手战斗力（暂停对手射击或增加对手飘带长至两倍）、降低自身战斗力、Power-Up 战斗中随机补助、战斗力提升。

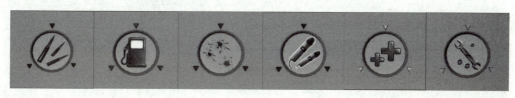

图 6.4.5　Power-Ups 图标

键盘的快捷键 W、A、S、D 控制前后左右视角的移动，同时可通过移动鼠标环顾机场。按鼠标左键或者 ESC 键可以锁定摄像头视角位置。

通过子菜单"设置比赛限制"可以设置游戏结束的条件，包含比赛时间或分数两项。

如果通过防火墙或路由器连接到 Internet，则电脑可能需要打开对特定范围的端口号的访问权限。默认情况下，RealFlight 7.5 会查找从 61234 到 61241 的端口。

"比赛之浮动窗口"项，如图 6.4.6 所示。该选项里有三个游戏屏幕小工具，"操纵者状态"显示当前操纵者状态数据（图 6.4.6、6.4.7 右上）；"目标命中"激活后，此定位小工具控制是否需要在所选目标的飞机周围显示定位指示器（红色三角形）；"目标命中圆圈"激活后，需要瞄准环将直接显示在屏幕中间。此小工具可帮助飞手在战斗事件中找到目标对手，显示时，圆圈的外周边会出现一个箭头，箭头所指即目标飞机的方向。

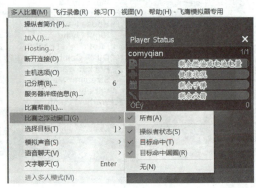

图 6.4.6　比赛之浮动窗口

"选择目标"项，如图 6.4.7 所示。进入此选项后可设置 RealFlight 在多人游戏事件期间选择目标的方式，且该选择在飞机每次重置后都会生效。譬如，选择"智能的"，则所有得分高于自己的玩家将会被随机选择到。

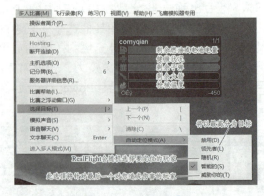

图 6.4.7　选择目标

多人竞技的其他功能项相对简单，此处不再介绍。

任务 5　模拟器协同仿真

RealFlight Simulator 飞行模拟器软件不仅被广泛用于训练和比赛中，其拥有的更为强大的功能是能够设计和测试定制的飞行器，配合 Ardupilot 软件在环仿真（SITL）。SITL 模拟器允许在没有任何硬件的情况下运行固定翼飞机、旋翼飞行器或无人车。它是使用普通 C++ 编译器构建的自动驾驶代码，为用户提供一个本地可执行文件，让用户可以在没有硬件的情况下测试代码的运行。

知识点 1　SITL 如何与 RealFlight 通信以进行图形模拟

如图 6.5.1 所示，在常规 RealFlight 模拟仿真中，需具备四个要素，即内置模型、物理建模、图形解释器/显示器、控制通过模拟控制器输入：内置飞机模型，是指包括其物理特性及其对物理模型的影响、控制机制以及其外观的图形数据库；物理建模的模型，是将根据飞机模型的控制输入来预测飞机动力学（姿态、速度、位置等）；图形解释器和显示器（图形仿真）可获取物理模型的输出并生成飞行运动的图形显示；控制器用于向物理模型产生控制输入，以控制飞机。

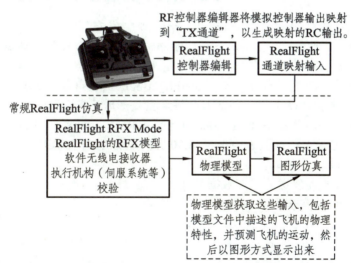

图 6.5.1　常规 RealFlight 模拟飞行仿真

模型中有一个"软件无线电接收"，它接收这些"TX 通道"并将其转换为"RX通道"，类似于接收器。这个"软件无线电"可以创建双重比率、飞行模式和取反等。而后，这些接收的通道会驱动模型文件中设置的电机、伺服器或飞行控制器/混控器，从而驱动飞行器的执行器。

在 RealFlight 中添加 SITL 仿真后，如图 6.5.2 所示。使用 SITL 运行 ArduPilot 软件基本上等同于在模拟控制器和飞行器之间插入自动驾驶仪，就像在真实飞行中一样。这是通过将正在运行的 SITL 模拟绑定到 RealFlight 并使用其物理模型和图形进行模拟来实现的。

SITL 和 RealFlight 之间的接口被称为 FlightAxis。在 RealFlight 中启用后，它会将

飞机的预测姿态、速度、位置导出到 SITL，以及其使用的飞机模型的软件无线电的输出中。SITL 将其用作其模拟中的 RC 和传感器输入，并将伺服功能输出到 RealFlight，也就是 SITL_Models 模型用作其执行器"RX 通道"输入和 Servo 通道输出。

基本上实现在飞行员和 RealFlights 输入之间的原始固件（源代码）的 ArduPilot SITL 模拟。

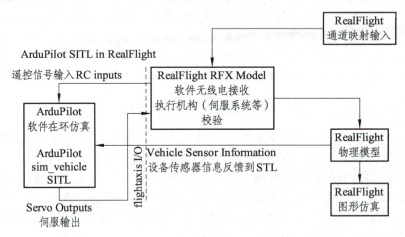

图 6.5.2　RealFlight 中添加 SITL 仿真

Knife Edge 软件公司在 RealFlight 新版本中发布了 RealFlight Link （原名 FlightAxis Link）工具包，它支持对飞行控制器进行硬件和软件的在环测试。该工具包允许 RealFlight 使用 SOAP 进行通信。使用 ExchangeData SOAP 方法，飞行控制器向 RealFlight 发送控制向量。作为响应，RealFlight 发送状态向量。处理后，控制器发送更新的控制向量并接收状态更新，随着此循环重复形成反馈循环。

RF 各版本中，支持 RealFlight Link 功能的有 RealFlight 8 测试版（在 RF 控制台，点击"更新至特定版本"，从列表中选择 8.00.055，然后点击"确定"）、RealFlight 9/9.5S 和 RealFlight Evolution 版本。

RealFlight 模拟器发送的状态数据包括：

Simulation time 模拟时间（s）。

Airspeed 空速（m/s）。

Altitude 高度，ASL（m）。

Ground Speed 地速，（m/s）。

Pitch、Roll、Yaw rates 俯仰、滚转、偏航率（deg/s）。

Orientation 方向（方位角 Azimuth、倾斜角 Inclination、滚转 Roll，deg）。

Orientation 方向（四元数）。

Position 位置（x、y、z，m）：可以转换为纬度和经度。

Velocity 速度，世界坐标参考（x、y、z，m/s）。

Velocity 速度，机身坐标参考（x、y、z，m/s）。

Acceleration 加速度，世界坐标参考（x、y、z，m/s^2）。

Acceleration 加速度，机身坐标参考（x、y、z，m/s^2）。

Wind velocity 风速（x、y、z，m/s）。

Propeller RPM 螺旋桨转速。

Main Rotor RPM 主旋翼转子转速。

Battery Voltage 电池电压（V）。

Battery Current 电池电流（A）。

Remaining Battery Capacity 剩余电池容量（mAh）。

Fuel Remaining 剩余燃料（盎司 oz）。

Is Locked 已上锁（bool 布尔类型数）。

Has Lost Components 遗失的组件（bool 布尔类型数）。

Engine is Running 发动机正在运转（bool 布尔类型数）。

Is Touching Ground 是否触地（bool 布尔类型数）。

Current Status 当前状态。

知识点 2　结合 SITL 的 RealFlight 遥控器设置

目前，FlightAxis 接口可以将前 12 个 RX 通道从 RealFlight 传输到 SITL RC 输入，并将前 12 个 SERVO 输出从 SITL 传输到 RealFlights RX 通道输入（目前只有前 8 个通道会传递到 SITL）。遥控器的设置方式如下：

（1）简单方式：仅设置 A、E、T、R 四个飞行控制轴控制，飞行中若要更改模式或设置开关，需要使用地面站 Mission Planner 命令。

（2）最大方式：设置 8 通道，使用通道 5、6、7 和 8 的开关或滑块/电位器设置 TX 模型，并可以在模型参数中为这些通道分配功能。

（3）官方配套的发射机默认设置：与 RealFlight 一起使用时，官方 Interlink DX 控制器会自动映射，具体如表 6.5.1 所示。

表 6.5.1　官方 Interlink DX 控制器 RealFlight 通道映射表

Interlink DX control	InterLink Elite control	RC channel output
Aileron 副翼	Aileron	1
Elevator 升降	Elevator	2
Throttle 油门	Throttle	3
Rudder 方向	Rudder	4
Switch C	Ch 5 （DualRates）	5
Switch D	Ch 6 （Flaps）	6
Switch A	Ch 7 （Smoke）	7
Switch B	Ch 8 （Mode）	8（指定模式控制）
Switch H	—	9
Switch F	—	10
Switch G	—	11
顶部按钮	—	12
旋钮	—	13
左滑块	—	14
右滑块	—	15

知识点 3　SITL 结合 RealFlight 进行图形仿真的通信搭建

1. 配置 RealFlight

（1）启动 RealFlight。

（2）在 RealFlight 8/9/9.5 上，转到"设置"→"物理"，将"RealFlight Link Enabled"设置为"Yes"，启用"RealFlight Link"选项。

（3）在"物理"设置下，将"在后台时暂停模拟"和"在菜单时暂停模拟"选项设置为"否"。

（4）在"物理"设置下，将"自动重置延迟（秒）"选项更改为 2.0。

（5）根据电脑显卡处理器和 CPU 性能，可能需要降低图形处理能力以提高性能。例如：在"模拟"→"设置"→"图形"→"质量"下，将所有参数值设为"No"或"Low"，在"硬件"下将"分辨率"设为"800 x 600 中（16 位）"。

（6）重新启动 RealFlight。

2. 加载模型

ArduPilot 开发人员创建有多种自定义模型，并将其存储在 ArduPilot/SITL_Models 存储库中，可将模型直接加载到 RealFlight 中。每个模型的目录中都有一个后缀名为 ".param" 的文件，可以将其加载到 SITL 中，以便设置适当的调整参数。普通的 RealFlight 模型必须经过修改才能与 ArduPilot 模拟器配合使用。

SITL_Models 文件夹的 RealFlight 目录下有一个 WIP 子目录，用于存放正在使用的模型，还有一个 Released_Models 目录，该目录中包含已经过测试可以与 InterLink 控制器配合使用的模型，并且有 README.md 文件描述其设置和特殊功能。

可通过 GitHub 下载由 ArduPilot 提供的 3 种多旋翼模型，如图 6.5.3 所示。

图 6.5.3　ArduPilot 提供的 3 种多旋翼模型

加载模型的流程：

（1）下载 QuadCopterX RF 模型文件 QuadcopterX-flightaxis_AV.RFX。

（2）启动 RealFlight。

（3）打开模拟器。选择"模拟"→"输入"→ RealFlight 存档文件（RFX、G3X）并选择上面下载的 QuadcopterX 文件，此时将显示"…已成功导入"的信息，如图 6.5.4 所示。

（4）选择飞机。选择飞机（打开 RealFlight 的"自定义飞机"部分），然后选择 "QuadcopterX-flightaxis"，如图 6.5.5 所示。在当前状态下，无法飞行，遥控输入直接来自摇杆。

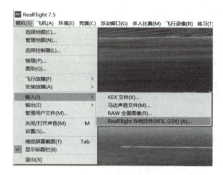

图 6.5.4　导入 QuadcopterX 文件

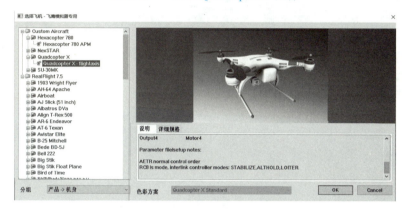

图 6.5.5　选择自定义飞机

3. 连接 Mission Planner 地面站的 SITL

（1）打开 Mission Planner 地面站。

（2）在"配置/飞行稳定调整"中，Planner 将布局下拉菜单设置为"高级"。

（3）在顶部菜单栏中，选择"模拟"。从"模型"下拉菜单中选择"flightaxis"，然后按下多旋翼飞行器图标。

系统会询问你是使用当前的开发人员最新分支代码还是使用当前发布的稳定版代码进行模拟，选择其一，如图 6.5.6 所示。

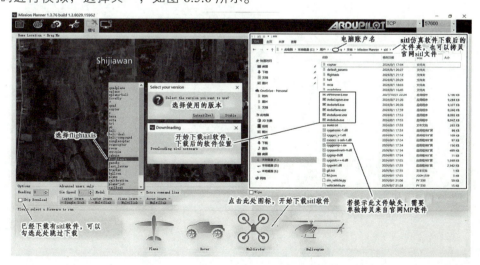

图 6.5.6　RealFlight 配套 SITL 下载

（4）Mission Planner 地面站返回主界面，自动加载并连接 SITL 模型。

（5）在 RealFlight 界面按下"重置"按钮或电脑的空格键，重置飞行器的姿态和位置，并初始化与 SITL 的连接。应出现"FlightAxis Controller Device has been activated（FlightAxis 控制器设备已激活）"的信息，电机应变得更安静。

（6）通过 Mission Planner 地面站加载你为该"QuadCopterX-flightaxis"模型下载的参数文件（后缀名为".param"）。点击屏幕"全部参数表"或"全部参数树"，在右侧点击"加载"，选择后缀名为".param"的参数文件。完成设置，准备飞行。

（7）通过 Mission Planner 地面站规划航线，点击解锁，执行飞行任务，同时通过 RealFlight 观察飞行仿真过程及参数。

参考文献

[1] Knife Edge Software. RealFlight 7 Manual. www.realflight.com. Retrieved from http://manuals.hobbico.com/gpm/gpmz4500-manual.pdf, 2013.

[2] Phoenix RC Simulator Software. Phoenix 5.5k DVD. www.flugsimulatoren.ch. R3trieved from https://www.flugsimulatoren.ch/Phoenix-RC.php, 2020.

[3] 大疆创新.大疆飞行模拟用户手册. www.dji.com. Retrieved from https://www. dji.com/cn/downloads/softwares/dji-flightsimulator-launcher, 2020.

[4] 杨宇. 无人机模拟飞行及操控技术[M]. 西安:西北工业大学出版社，2019.

[5] 杨苡，戴长靖，孙俊田. 无人机操控技术[M]. 北京：机械工业出版社，2020.

[6] 何华国. 无人机飞行训练[M]. 北京：高等教育出版社，2017.

[7] 车敏. 无人机操作基础与实战[M]. 西安：西安电子科技大学大学出版社，2018.

[8] 贾恒旦，郭彪，杨刚. 无人机操控与竞技[M]. 北京：机械工业出版社，2022.

[9] 秦昶，黄勤，等. 无人机操控技术[M]. 北京：清华大学出版社，2021.